魂の環《わ》

梅津隆之

文芸社

遠い昔、私に優しさと勇気を教えてくれた、
シロという名の犬がいた。

プロローグ

会うは別れの始まり、とよく言われる。人間社会では、まさしくいろいろな出会いがあり、別れがある。生き別れはもちろん悲しい死別がある。人々は、そんな出会いと別れを一生のうちで何度となく繰り返し、その経験から何かを学び、成長していく。

だから一期一会、その出会いを大事にする。その瞬間が人生を左右することもあるからだ。だが、そんな出会いに気づかずに、見過ごしてきたことも何度もあるだろう。もう一度会いたいと思えど、それがかなわず、後悔するだけだったことは多数ある。

多くの人々が行き交う街。毎日通勤していても、同じ人に出会うことの方が難しいかもしれない。出会いを大事にする機会が少ないことに気づくのだ。あまりにも出会う人の数が多いことには今更ながら驚いてしまう。それらは、出会いというよりほとんどすれ違いに似ている。すれ違いどころか、逆に排除していかないと前に進めない環境に置かれている現代人は、不幸な人生を歩まざるを得ないと、私は痛感している。

しかし私はその出会いと別れの教訓は、人間同士だけではないと思っている。目にするもの全てと言えばきりがないが、人間にとって人間以外で身近な存在は何かと問えば、動物達を挙げたい。動物達との出会いは、様々な書物からもうかがえるように、人との出会いとはまた違うものがある。

その中でも、出会いと別れを繰り返し私にとって大きな存在となっている動物は何かと言えば、それは犬である。

犬達との出会いには様々な思い出がある。四十四年間生きてきて、それら多くの犬達の物言わぬ表情を今でも鮮明に思い起こすことができる。それぞれに違った個性を持ち、楽しませてくれたり、時には喧嘩をしたり、みんないい思い出となっている。しかし大半は、こちら側が後悔と悲しみを味あわざるを得ない辛い別れを強いられてきていた。私はそれらによって、何を学んだのか、今でもその回答は見つからない。そして、別れる度に、人間にとって犬とはどのような存在なのだろうかと、永遠の課題のように考えさせられる。

しかし私は、あることをきっかけに、それに対する自分なりの回答を見つけだすことになったのである。充分なものであるかどうかは分からない。ただ、そのことに気づいたとき、居ても立ってもいられずに、私はコンピューターのキーボードに向かっていたのである。

目次

第一章　出会い

1

私は現在、アパレルデザイナーの妻と二人暮らしで、子供はいない。十八年間会社勤めをし、四十歳で脱サラ、念願であった小さな雑貨店のオーナーになった。思い起こせば、私のこれまでは平凡と言うほど幸せではなかったが、波瀾万丈と言うほどドラマチックなものでもなかった。昔を思い出す写真や日記帳などほとんど無い。

学生の頃、私は写真を撮られることや撮ることが嫌いであった。今の自分を含め他の人、物は、その瞬間消えるもので、それを残すという行為には何も意味を感じていなかったからだ。まして写真を見て昔を振り返ることは、私にとって後退を意味していた。そんなことを言う私を、周囲のみんなは変わり者と見ていたようだ。

しかし、一枚の写真の発見により、私は四十四年間をあらためて振り返ることになった。学生の頃のように粋がることが無くなっていたためなのだろうか、素直にその写真を見つめることが出来た。そして、その写真のおかげで次の四十年間を生きるためのヒントがそこに隠されていることを後で気づくことになるのである。

人生七掛けと言われるように、まだ三十代前半の気持ちでいるが、ある意味で折り返し地点に来たようなものだ。そこから来た道をゴールに向かって戻ることは、自分が歩んだ道を逆走しているようにも見える。でもそれは、逆走ではなく、自分のオリジナリティーを再度見直すことなのかも知れない、と考えている。

そのオリジナリティーを探す作業の中で、犬達との出会いは私にとって思い起こさなくてはいけないない出来事である。自分の半生を振り返ると、今の自分を形作った大きな存在の一つが、偶然発見し、今手にしている写真の中にある。

私は、出会った犬達のことを思いめぐらせながら、手にしている写真を眺めていた。たまたま写真を整理していたとき、古びた一枚の小さなモノクロの写真が出てきたのだ。印画紙の周囲はすり切れ、角は丸みを帯び、表面もひび割れている。手札サイズだ。だが、写っているその表情は充分確認することが出来る。それは、私が最初に出会った思い出深いシロという名のスピッツであった。犬小屋の前に鎖に繋がれ佇んでいるその姿は、朝日か夕陽に照らされ、真っ白に輝いていた。

私は、何年前の写真であろうかと思いめぐらし、数分の間見つめていた。なかなか思い出せないでいたが、ある衝動につき動かされた。何かを思い起こすいいタイミングではないかと感じたのかもしれない。その写真を元に木を削り、シロの記念像を作成していた。お店が暇な時を利用し、カウンターの横で彫ってみたのである。長さ二十センチくらいの大きさに仕上がり、お店の什器棚に置いてみた。売り物にするつもりはなく、ディスプレイの一部として考えていた。

ある日のことであった。いつものように店に出て、お客さんの対応をしているとき、一人の十三～四歳くらいの少女が、シロの記念像をずうっと見ているのである。少女は、身動きせず、微笑んでいるようにも見えた。

少し客がひけたとき、少女は私に近づいてきて恐る恐る話しかけてきた。

「おじさん、あそこにある犬の置物は、いくらですか?」

「あの白いスピッツのことかい。ごめんね、あれは売り物ではないんだよ」

少女は残念そうにその犬の置物を眺めていた。私は何か悪いことをしてしまった気持ちになり、少し話でもしようかと続けた。

「お嬢ちゃんは、スピッツを飼っているの?」

少女は、首を横に振りながらうつむきかげんに答えた。

「飼っていないよ。ミニチュアダックスフンドを飼っていたの。犬の置物は、いろんなのがいっぱいあるよ」

そう言うと、少し涙ぐんだように見えた。過去形の言い方が、少女の今の気持ちを表しているようだ。

「飼っていたの？」

「一年前に死んじゃったの。病気で」

「そうなの、それは可哀想なことをしたね。実はねあの置物もね、おじさんが小さい頃飼っていた犬なんだよ」

「おじさんが造ったの？」

「そうだよ、写真と記憶を元にして木で造ったんだよ」

少女は黙っている。何か気まずい雰囲気になるような気がした。私は、何気ないつもりで言った。

「もし良かったら、お嬢ちゃんにも造ってあげようか？　飼っていた犬の写真を持ってきてくれたら造ってあげるよ」

少女の顔が急に明るくなったかと思うと、すぐさま私に答えながら出口に向かっていた。

「おじさん、すぐ持ってくるから待ってて」

本気にしてしまった。言うんじゃなかったと少し後悔したが、少女の喜ぶ顔を想像するとやってみようという気持ちになっていた。

そして、もう一度自分が造ったシロの木彫を見つめなおしてみると、不思議と様々なことがよみがえり、しばらくそこに私は呆然と佇んでいた。一気に昔の記憶が蘇ってきた。

2

私が八歳の頃だったか、今から三十六年前の昭和四十年、東京オリンピックを経て、日本が高度経済成長を遂げているただ中であった。私は北海道の滝川市に生まれ、両親と姉の四人家族という、普通のサラリーマンの家庭に育っていた。

滝川は道央に位置し、これといった観光はなく、札幌と旭川を結ぶ流通の町である。ただ、ジンギス汗鍋は当時から有名で、各地からそれを食しにわざわざ人々が来ていたものだ。私達家族も月一回程度食べに行っていた。

父は中学校で数学の教鞭をとっており、昔よくいた教育熱心な先生というふうであった。かといって家ではそんなに厳しくもなく、頑固おやじという近寄りがたいイメージには程遠いものがあり、むしろ一緒にキャッチボール等をして遊ぶことが多かった。

父は鳥取県の生まれである。戦後の何もないときに教師になった。石川啄木の詩に触発され、単身北海道に渡ったと聞く。ロマンチストであったのだ。よく生徒達を家に呼んでは無償で補習授業を行っていたのを見ると、その熱意には感心せざるを得ない。実は私は、そんな父から勉強を教わった記憶がない。よく言われるように、教師が自分の子供の勉強を見るのは難しいのかも知れない。

父が教師ということで、家族は一の坂町の公務員住宅に住んでいた。その住宅は二階建て、四家族が住む集合住宅が四棟並んでいたと記憶している。

滝川駅から国道十二号線を二キロ近く北に向かい、根室本線と交差する陸橋を越えると、二百メートル程の緩やかな坂がある。その坂を登り切ってから百メートル先の道を右に入り、また二百メートル行くと一の坂町のわが家があった。そしてその国道の反対の左側には滝川第一小学校があり、私は一つ年上の姉や近所の友達と一緒に、毎日五分程歩いて通学していた。

姉は勉強やスポーツが良くでき、常に学年内でトップの成績を保っていた。通信簿は、オール5である。身長も私よりかなり高く、目立っていた。なぜお姉さんが勉強できて、弟のあなたはできないのかと、周囲の大人達によく言われていたが、それが悔しかったり、発奮したりした記憶はない。マイペースというわけではないのだが、あまり他人に対しての競争意識は持ち合わせていなかったようだ。

やはり、勉強より遊ぶことの方が好きなのは当然なのだが、特に絵を描いたり粘土をこねていたりすることに一番夢中になっていた。物心つく頃から、父から絵の道具や粘土、彫刻刀等を渡され、一人でよく何かを描いたり物を作っていたことが思い出される。時々父に近くの空知川に連れ出され、河原の粘土を掘り出して遊んだものだった。

そして、その粘土でよく動物等を作っていた。今思えばかなり良質の粘土ではなかったろうか、青味がかった灰色のそれは、貴重な材質であったことが、今になればわかる。

しかし、私の勉強嫌いは相当なもので、夏休みの宿題をほとんどせず、最終日にそれが母に見つかりひどく叱られた。そして母がわめく中、父と姉が一カ月分の私の宿題帳を仕上げるのに手こずったことは、今思い出しても赤面するものがある。

父が教育者であるからといって、母も教育ママであったかどうかは、あまり印象にない。怒る時は父以上に恐いものがあったが、普段は普通の母親であったと思う。

母は京都生まれの京都育ちである。新潟の実家は地主であったが、戦後の農地改革で土地を全て取り上げられたと聞く。そのせいか、祖父や祖母は、戦後間もなく孫の顔を見ることなく他界した。そして、滝川の親戚を頼ってこの町に来たというわけだ。そこで父と知り合い、結婚した。

京都から北海道へ、それはかなりの異文化体験であったようだ。母は、私が大きくなってからよく言っていた。北海道の人の無神経さには驚かされたと。人の足を踏んでも分からないとか、社交辞令が通じないとかなど。例えば、来るお客にお茶でもどうぞと言うと、遠慮なく家に上がってくることが信じられなかったようだ。しかし、慣れてくると北海道の人間の良さが見え、好きになったという。他人の目を気にせず干渉もしない、封建的ではなく大らかなところだ。

また、お嬢様育ちのせいか、決して裕福ではなくとも、なるべく子供達にはいい服を着させ、良いと思われるものを与えていた。貧乏くさくするのがいやであったようだ。私が人の物を欲しがったり、羨ましがったりすると、よく叱られた。

その頃、まだわが家にはテレビは無く、姉と私はよく母に映画を見に連れていってもらった。当然母が一番映画を見たがっていたのだが、若い頃から映画観賞は好きだったようである。テレビを買ったときも、テレビ番組の映画をよく見ていた。

しかし、その上にさらに心を惹かれる存在が母にはあった。家族四人の中で一番の犬好きなのである。実は、私が物心ついたときから家には犬がいた。

当時は、アメリカのドラマ『名犬ラッシー』の人気でコリー犬がブームとなり、その影響かわが家にもジュリーという名のメスのコリー犬が飼われていた。母は、ブランド好きなところがあり、雑種ではなく純血種にこだわるところは、今も変わらない。ジュリーは大型犬であるにもかかわらず、外に繋ぐことをよしとせず、家の中外を自由に行き来させていた。これも『名犬ラッシー』の影響なのだろうか、とにかく自分の側に置いておきたかったようである。

そのためジュリーの世話はもっぱら母が行っており、まだ小さい私には、大きいコリー犬は手に余るものがあった。散歩に連れていくとよくひきずられ怪我をしたことを覚えている。ある時、雪が降り積もった冬の良く晴れた日、私はジュリーを自慢したくて近所に散歩に連れ出した。晴れてはいても気温は低く、地面は凍結した雪で覆われていた。数百メートルも行かないうちに、ジュリーは家に帰りたくなったのか、急にターンをしたかと思うと走り去って行ったのである。リードを持っていた私はたまらず引っ張られ、なおかつ滑る地面のこと、肩から凍結した雪の上にたたきつけられてしまった。急激な痛みで、私はその場に横たわり動けずにいた。結局近所のおばさんに家までおんぶしてもらう羽目になり、ジュリーを見せびらかすつもりが、とんだ無様な格好を見せてしまうこととなった。

私の鎖骨にはひびが入っていたことが分かり、しばらく不自由な生活を余儀なくされた。思うようにいかないジュリーを忌々しく思いながら、母と一緒にいる光景を見ているだけであった。今にしてみれば、自分が可愛がれる犬を欲しがり始めていたのではないだろうか。

いずれにしても、わが家のように犬を飼っている家はまだ今日のように多くはなく、むしろ最近ではほとんど見かけなくなった野良犬が、自由気ままに歩いていたものである。

その野良犬の中に、今でも忘れることのできない一匹の犬がいた。

犬種は純血のスピッツであったと思う。たぶんどこかで飼われていたのが、何らかの理由で野良犬になってしまったのだろう。後で分かったことだが、コリー犬がブームとなる前はスピッツが人気だったそうである。人気に踊らされて飼い、飽きると捨ててしまう現象は、このころから始まっていたのかも知れない。

3

その犬との出会いは、私が近所の友達と遊んでいる時であった。

同じ学年の、恐がりの和君、おどけた悪戯好きの浩君、気の強い洋子ちゃん、そして一学年上の足の速い功一君達とである。洋子ちゃん以外のみんなは、私と同じ公務員住宅に住んでいる。和君は五人の中で一番背が高く、ひょろっとしており、目の大きい気の優しい少年である。その分泣き虫なところもある。反対に浩君は一番背は低く、よくちょろちょろと動き回っていたものだ。マイペースである反面よく悪戯をして周囲を困らせることがある。功一君は私と同じくらいの背格好だが、がっちりした体格の良い子で、一学年上ということもあってみんなのリーダー的な存在といえた。誰かが喧嘩をするとすぐに仲裁に入る正義感の強い子である。そして洋子ちゃんは、髪をポニーテイル風に結い、いつも白いショートパンツをはいたお転婆娘である。口喧嘩では、誰にも負けない子であった。

そんな中で、私がみんなにどう見られていたのかは分からないが、功一君がいない時は、だいたい私がリードする形になっていたので、彼のサブのような存在として見られていたのかも知れない。

私達は家の近くにある滝川神社でよく遊んでいた。根室本線と交差する陸橋から一の坂町へ向かう坂を登ってすぐ右側に鳥居があり、そのまま境内へと続いている。

滝川神社には、毎年大晦日の夜、除夜の鐘が鳴り新年を迎えると同時に、家族で初詣に行っていた。鳥居から境内まで人々の行列が続き、みんなの吐く白い息が立ちのぼるのを眺めながら順番を待つ。なかなか前に進まず、寒さを我慢しながらはぐれないよう親に付き添われていた思い出がある。

神社は坂の上に建っているため、南側が崖のような斜面になっている。そして北側は、そのまま私達の住宅に続く道が続いている。その途中すぐの所に急な下り坂の小道があり、そこを降りると小さな池があった。その辺りには大きな木々が生い茂り、昼間でも薄暗く、あたかも底なし沼のような風情で、みんな恐れていたものであった。夏の盆踊り大会の帰りに、その池に肝だめしに行こうとよく言ったもので、その提案をすると、恐がりの和君が泣きながら真っ先に家に飛んで逃げ帰ったことを今でも思い出す。

五月の桜が散りようやく暖かくなり始めた新緑の季節の頃、みんなと池の周りで遊んでいた時であった。それは突然の出会いで、みんなは驚嘆の声をあげて歓迎した。

遊んでいた私たちの前に姿を現したその生き物は、全身白い毛におおわれた小さな犬であった。

「あ、この犬スピッツだ」

「タカちゃん、知っているんだ」

洋子ちゃんが、興奮しながら寄ってきた。

「どうしたんだろう、おうちはどこかしら」

「この犬は、野良犬だよ」

「どうしてそんなことが分かるの？」

「ほら、首輪がないだろう。首輪がないのは野良犬の証拠だってお母さんが言ってたもん」

「でもタカちゃん、野良犬に見えないよ」

まっ先に功一君が、否定するように言った。

「見えなくても、首輪がないのは、野良犬なんだ」

私は自分の意見を変えなかった。みんなは、そんなことはどうでもいいというふうにその犬を見ている。

そんなやりとりの間、そのスピッツはこちらを見上げながら尻尾を振っている。普通のスピッツと比べ少し小型かもしれない、まだ一～二歳ぐらいではないか。全身の白い毛は汚れがなくふわふわしており、功一君が言うように野良犬には見えなかった。典型的なジャーマンスピッツだと思われる。きゅっととんがった口、形のいい三角形の耳、尾はくるっと胴体に巻き付いている。ついさっきまで人に飼われていたのではないかと思いたくなるほどで、今にも飼い主が探しに現れそうである。真っ白い姿の中に、黒い両目と鼻が三つの点となっているのが印象的であった。

「なんかこの犬、俺達になついているよ、俺知らないよ」

浩君は自分は関係ないと言わんばかりである。だいたいいつもそうで、何か面倒なことがあると、黙っているか逃げるのである。

しばらくみんなは沈黙し、どうしたものかと考えあぐねていた。そのままそこに置き去りにしてもよいのだが、何か訴えているような表情に、誰もが言い出せない状態でいた。その沈黙をやぶり、みんなを驚かせる発言をしたのはまた浩君であった。

「ゴローじいさんに捕まったら食われちゃうんだよ」

何かその言い方には意地の悪ささえ感じた。浩君は普段であれば、マイペースに振る舞い、いちいち干渉してこないのだが、また悪戯な性格が出てきたのだろうか。

「何よ、そのゴローじいさんて」

洋子ちゃんは怒り出しそうになっている。

「豚小屋のおじさんだよ」

「豚小屋じゃなくて養豚場だよ、黄金町の先にあるやつだろ」

と、功一君。

「うん、そう。その養豚場のゴロージいさんってすごく恐い人で、犬を殺して豚の餌にしてるんだって」

「やだよ、そんなこと言うなよ」

和君はまた泣き出しそう。

「私、そんなの聞いたことないわ。嘘言うのはやめて。だいたいその人見たことあるの?」

「あるよ。黒いヒゲを顔中にはやして、こん棒持って追っかけてくるんだ。コウちゃんも見たよな」

「見たよ、犬を食っているなんてふうには見えなかったけど。それにでっかい番犬がいるんだ。でも、ヒロちゃんが豚小屋に石を投げたのを怒って追っかけてきた時は、僕も恐かったよ」

「ほらみなさい。見ていないんでしょ」

「見られないところでやっているんだよ。あの顔は、鬼みたいだよ。でかい犬は鬼の手下なのさ」

浩君はみんなの恐怖をあおるのを面白がっていた。

「でもだいたいなんで犬を殺して豚の餌にしなくちゃならないの。そのおじいさんおかしいいんじゃない、私、お父さんに言ってそのおじいさん牢屋に入れてもらうわ。ヒロちゃん、犬が殺されるのがそんなに面白いの。学校の先生に言い付けてやるわ、ヒロちゃんはそういうこと平気で言う子だって。コウちゃんもコウちゃんよ、なんでそんなこと言わせとくのよ。タカちゃんも黙っていないでなんとか言いなさいよ」

洋子ちゃんの攻撃がはじまった。

こうなったら黙るしかないようだ。浩君はもう先ほどの意地悪さはなく、黙ってしまった。和君はあともう少しというところで泣き出しそうである。大きい目がますます大きくなり、涙が落ちるのを堪えているといった表情である。

私もなんて言っていいか分からない。養豚場のゴロージいさんのことは学校で聞いたことがある。犬嫌いの偏屈な人で、野良犬が多いこの町を綺麗にしていると、クラスの誰かが言っているのを耳にしたことがある。今、そんなことをここで言ったらどんな目にあうか、恐くて私も押し黙っていた。

「でも、どうしようかしら」

少し冷静になってきた洋子ちゃんは、私の顔を見ながら言った。何か嫌な予感がした。そして予感は適中した。

「タカちゃんち、犬飼っているから、飼ったら」

和君が言った。そして浩君も、さっきまでの意地悪なやり取りを忘れたかのように、無責任に言った。

「そうだよ、タカちゃんのお母さん犬が好きなんだよね」

「え、そんなこと言われても……」

「それに、ここで犬を飼っているのはタカちゃんだけだから」

「ヒロちゃんが飼えばいいじゃないか。あんなこと言ったのは、そっちなんだから。そうするのが当たり前だよ」

「ちがうもん、犬が好きな人が飼うんだよ」

また意地悪な言い方に変わっている。しかし私は、本気で飼ってもいいかと思っていた。母は犬好きだし、ジュリーを飼っているのだから、もう一匹増えることぐらい大丈夫だろう。しかしそうは言っても何事にも厳格な母のこと、諸手をあげて賛成するとは、経験上思ってはいない。

「もうやめようよ」

功一君の一言で救われた。

「そうだよ、ここでこんなことしていてもどうしようもないよ。ツヨシくんところのサイロに行こうよ」

私はとにかくこの場のどっちつかずの状況から逃れるために、この犬を連れてサイロへ行くことを提案した。

4

滝川神社の南側すぐ下に根室本線が走っており、線路を越えると田畑や牧場が拡がっている。サイロに行くには一旦池から神社へ坂を上り、反対側の坂を下らなくてはならない。急な坂ではあったが、坂の上に立って見渡せる石狩平野の光景は、はっきりと今でも目の裏に焼き付いている。秋になると田畑は黄金色に輝き、赤煉瓦のサイロと緑色の牛舎の屋根、遠くにはポプラ並木が等間隔に並び、よく自転車でポプラ並木を目指し坂を駆けおりたものだった。サイロによく遊びに行ったのは、その牧場にやはり同じ学年の剛史君がいたからだ。私はこの犬とみんなと一緒にサイロに遊びに行ったらさぞかし面白いだろうと思い、また剛史君にこの犬を見せびらかしたい気分でもあった。みんなも異論はなく、自然とサイロへと向かっていた。誰が呼ぶわけでもないのに、その犬は尻尾を振りながらついてくる。

「ねえ、この犬、野良犬なら名前を付けましょうよ」

そう言ったのは、洋子ちゃんだった。

「白いからシロでいいんじゃないの」

と、またどうでもいいやというふうに浩君。

功一君は、その意見にすぐ反応して、

「ああ、シロだ、シロだ、シロにしよう。シロ、シロ」

と、シロを正面から見据えて呼んだ。私たちは素直に納得し、その日のうちにその犬はシロと命名された。

サイロは冬の家畜飼料や穀物等を貯蔵する円筒形の倉庫である。中は気密性が保たれており、穀物類を新鮮な状態で保存できるのである。

サイロに干し草等が二メートルぐらいしか積まれていない状態の時、私達はサイロの外側に付いている金属製の梯子を登って、上の窓からその干し草めがけてダイビングをしたものだった。最初は恐怖心ですくみ上がっていたが、慣れてくると足からではなく頭から飛び込むことが出来るようになった。飛び込むと心地よい感触を全身に受け、顔にちくちくとさす干し草も程よい刺激となっていた。

サイロに着くと、剛史君は牛の世話の手伝いをしていた。

「やあ、みんなどうしたんだい」

牛舎の入り口付近にいた剛史君は、みんなの足の間から顔を出しているシロを見て言った。

「また、サイロの中に入って遊ぼうよ」

和君は去年の秋頃みんなとサイロの中で遊んだことを覚えていたのか、剛史君に駆け寄りながら言った。

「今日は、干し草が沢山入っているから駄目なんだ。そのかわり、面白いものを見せてあげるよ」

そう言って剛史君はみんなを牛舎の中に招いた。シロは臆せずみんなの後をついてきて、初めて「ワン、ワン」と吠えた。牛も興奮することなく、いつものように「モー、モー」と唸っている。

牛舎の中は藁と牛糞の匂いに満ちており、両側に牛達は向き合うような形で繋がれていた。導かれるままに奥の方まで行き、私達は牛達の吐く白い息に包まれた。

「ここに顔を近づけてごらん」

剛史君は牛の顔をさして、悪戯っぽい笑いを浮かべながら言った。牛の舌で顔をなめさせようとしたのである。洋子ちゃんはきゃーきゃー言いながら逃げていたが、こういう時、必ず英雄視されるのを好む功一君が顔を近づけた。

「わー、ヤスリみたいだ」

功一君はくすぐったいような表情をしながら叫んだ。牛の舌はかなり大きく、功一君の顔ぐらいはあり、そのまま食べられてしまうのではないかと思ったほどである。初めて見る牛の長い舌は、何か別の生き物のように見えた。

するとみんなも恐怖心がなくなったせいか、そのヤスリみたいな感触に喜んでいた。私は恐くはなかったが、どうしても顔をあの大きな牛の頭に近づけられず、手で触ってみると思った以上にざらざらしており、頬でその感触を確かめなくて良かったと思ったものだった。

私たちの遊び時間の終わりは近づいてきたが、シロは終始私たちの側にいて、離れるわけでもなく、かといって飛びついて甘えたりもしなかった。私はシロを飼えるかどうかについては、あまりしゃべらないようにしていたが、それを察したのか、洋子ちゃんはサイロから神社に向かう道である提案をした。

「ねえみんな、もしかしたらシロに飼い主がいるかも知れないから、見つかるまで私たちで面倒見ない？」

「どうやって？」

功一君は驚きの表情で言った。

洋子ちゃんは少し考えてから言う。

「私ね、以前神社の縁の下で母犬が子犬を育てているのを見たことがあるんだ。たぶんあそこは、犬にとってはきっといい場所なのよ。そこをシロの住みかにするの。家から段ボール箱を持ってくるから、それを犬小屋の代わりにすればいいでしょ」

「うん、それはいい」

浩君は道ばたの石ころを蹴飛ばしながら言った。

「餌はどうすんだよ」

と功一君。

「うん、そうだそうだ」

浩君はいつもどうでもいい。

「僕、お母さんに聞いてみないと」

和君は気のない返事。

私の方はというと、洋子ちゃんの意見に賛成であったが、何か言い出すと矛先がこちらに向けられるのではと思い、成り行きを見守っていた。

「私たちが交代で餌をやりに来ればいいじゃない」

「ヨウコちゃんちは金持ちだからいいよな」

そう言う浩君もみんなも、そんなに貧乏ではないのだが。

「何言っているの、みんな同じじゃない、余ったご飯をあげればいいじゃない」

「ヨウコちゃんの家は自分の家だもんな」

「ヒロちゃんは、どうしていつもそんなわけの分からないことを言うの」

「なんかめんどくさくない？」

「でもほっておいたら、ゴローじいさんに捕まっちゃうでしょ」

「僕は、いいよ」

功一君は、シロを見つめながら言った。

「分かったよ、じゃどうやって決める？」

「毎日交代で餌をやるの。今日は私があげとくわ。明日はタカちゃん、その次がコウちゃん、その次カズちゃん、ヒロちゃん。この順番であげるの、どう？」

洋子ちゃんの強気のリードで、私達は従わざるを得なかった。でも私は内心ほっとしていた。母にシロのことを切り出さなくて済むと思ったからだ。その日はシロを洋子ちゃんに託し、みんなそれぞれ家路へと向かった。

その晩私は母にシロのことをお願いしてみたが、結果は言うまでもないことであった。

5

　翌日は私の番だったので、事前に母から許可をもらい、学校から帰るとすぐにご飯を持って神社へと向かった。確かにそこにいるだろうかと心配していたが、神社の鳥居から、すぐに境内の縁の下に白く動いているものを発見することができた。シロに間違いない。洋子ちゃんが言っていたとおり、段ボール箱の犬小屋も確認できた。

　私が近付くとシロは段ボール箱から飛び出し尻尾を振って迎えてくれ、手にしているご飯を、鼻で匂いを確認するように見つめている。

　今日一日何をしていたのだろうか、誰かにいじめられなかっただろうか、そんな心配をしながらご飯を置いてやると、しばらく見つめそれからゆっくりと食べ始めた。がつがつとした食べ方ではない。わが家のジュリーはもっと速く食べるのだが、ゆっくりゆっくりと食べている。

　私はシロが食べている間中横に座り頭や背中を撫でていたが、唸って怒る様子もない。きっとどこかで飼われていたに違いない。こんな利口な犬をどうして捨ててしまったのだろう、心ない飼い主の顔を見てみたい気持ちになっていた。満腹になったのだろうか、シロは少し残して食べるのをやめた。

　私はしばらく一緒に居てやり、時々二〜三メートル離れては、おいでおいでをして遊んだ。シロは飛び跳ねるようにしてやってくる。また少し離れおいでおいでをする、そんな繰り返しをしていたら、功一君や洋子ちゃん、和君、浩君、みんながやってきた。

「ご飯食べた？」

　洋子ちゃんがうれしそうに近づいてきた。

「全部は食べないんだ。少し量が多すぎたみたい。うちのジュリーにあげている量と同じだったんだ」

「体の大きさが全然違うじゃない。おなかこわしたらどうすんのよ」

　洋子ちゃんは、いつも責めるような言い方をする。

「僕、まだお母さんにこのこと言っていないんだ」

「カズちゃんはいつもそうね。いいわよ、だめだったら私がその分あげるから。そのかわり給食の当番を代わってね」

　二人は同じクラスである。

「僕は、言ったよ」

　功一君と浩君はなにか言われないうちに口を揃えて言った。

それから私達はシロを撫でたり呼んだりして、自分たちの仲間に加わった喜びをそれぞれ表現していた。その時は、洋子ちゃんが一番シロを気遣っていたのではないか。浩君がシロの尻尾を引っ張ったりすると、また例の調子で怒っていた。

そんな光景を見て、私はある面白いゲームを思いつき、みんなに提案した。

「あのさ、シロをここに座らしておいて、ぼく達があの鳥居から呼ぶんだ。誰の所に来るかやってみないか。シロが誰を気に入っているか分かるだろ」

「おもしろそうね」

そう言って洋子ちゃんは賛成した。みんなも反対はなく、すぐに鳥居へ向かって走り出した。少し興奮していた。

洋子ちゃんがシロに「待て」の合図をすると、行儀よくお座りをしてこちらを見ている。三十メートルくらいの距離であったが、不安な素振りも見せていない。

私は地面に横幅五メートルくらいの線を足で引いた。みんなはその線に横一列等間隔に並び、私の合図を待った。私も右はじに座り、みんなに言う。

「みんな僕が合図したら一斉にシロを呼ぶんだ。いいかい。それから、シロが着くまでその線から出てはいけないよ。出ちゃうと、シロはその人の所に行くかもしれないからね。分かったね」

「タカちゃん、ずるはなしだよ」

「ヒロちゃんも、ずるはなしだよ」

私が合図をすると、みんなは手をたたきながらシロを呼んだ。するとシロは待ってましたと言わんばかりのスピードで走り出した。飛び跳ねるようにして、真っ直ぐみんなに向かってくる。口を開け長い舌を横からたらしながら。その表情は子供が笑ったときのそれに似ている。

途中まで真っ直ぐに来ると、急に左側に方向を変えた。洋子ちゃんが一番左にいるからだ。私は一番右であったため、すぐに自分ではないことが分かった。思った通り、シロは洋子ちゃんに飛びついていた。

「やっぱり、シロは私を選んだんだわ」

「シロはオスだからな」

浩君は、少しちゃかすように言った。

「そんなの関係ないわ」

「ヨウコちゃんが一番可愛がっている証拠さ」

功一君はそう言いながらもシロの背中を撫でていた。私もその意見には賛成であった。その時は誰もそんな光景には嫉妬するものはなく、楽しく受け入れることができた。しかし、シロと長く付き合うことで、それぞれに違った感情が出てくるのである。

　いずれにしても、みんなはシロの無事に安堵し、明日の当番を確認しながら解散した。帰る時、シロは私たちを追いかけようとしたが、洋子ちゃんが、シロの家はここであること、そしてまた明日来ることを言い聞かせた。人間の言葉を理解できるのか、シロはおとなしく段ボール箱に入った。私たちを見つめている箱から出したその顔は、生涯忘れることのできない光景となった。

　それから、みんなは毎日滝川神社へ行き、シロにご飯をやり一緒に同じようなことをして遊んだ。

6

　ある日、私がシロにご飯をやる時、母が家でジュリーにしているのと同じように、「おあずけ」「お手」「おかわり」「よし」を言ってみた。シロはご飯を見ながら前足を行儀良く揃え、「お手」を言うと、ちゃんとご飯とこちらを交互に見ながらするのである。そして「よし」を言うまでは、じっとご飯を見ながら待っている。やはりどこかの家で飼われていたのであろう。

　また、シロは私たちが来る時間が分かっており、この縁の下のにわか仕立ての犬小屋を自分の住みかと思うようになるなど、賢さは随所に現れていた。

　シロの賢さの証明はこれだけではなく、一緒に遊んでいたときにも発揮された。

「ひょうたんぽっくり」というといわば鬼ごっこのような遊びをしている時であった。この遊びは、まず地面にひょうたんの形を線で大きく描き、ひょうたんの頭と真ん中のくびれと底の部分に三十センチほどの棒切れを扉に見立てて水平に置く。もうかなり昔のことなので、ルールは忘れてしまったが、確かジャンケンで鬼を決め、鬼はひょうたんの全ての扉を開けられるが、鬼以外は、真ん中の扉を一方向からしか開けることができないというものでなかったか。そして鬼は、ひょうたんの周りや中にいる子供達を追いかけるのである。

そんな時、シロは鬼が誰であるか分かっていたし、一緒になって逃げたり追いかけたりしていた。自分で棒をくわえて中に進入してきたときは、みんなを驚かせたものであった。ただその後、元の場所に戻さなくてはならなかったが。

六月初旬の日曜日の午後、私たちはいつものようにシロを連れ、水田の横に流れている大きな用水路へドジョウを捕りに行った。

用水路にはきれいな透明の水が流れ、土手から容易にドジョウを見つけだすことができる。みんなはおのおの網とバケツを持ち寄り、ドジョウを見つけては騒いでいた。

私はドジョウよりむしろ蝦夷《えぞ》山椒魚を見つけたかったのだ。学校の先生から教わっていたので、ぜひそれを捕りたかった。しかし、珍しい生き物であるため、そう簡単には捕ることができないらしい。私は意地でも捕ってやろうと思っていた。

「タカちゃん、ドジョウ取らないの」

私が目の前にいるドジョウに網をかけないでいるのを見た功一君が言った。

「僕は蝦夷山椒魚を取るんだ」

「何それ」

浩君は素直に尋ねる。

「北海道にしかいない山椒魚のことだろ、タカちゃん」

「コウちゃんは、知っているんだね。この時期は卵からかえって、オタマジャクシより少し大きいくらいになっているんだ」

「でも見つかるかな。こんなに大きな用水路では無理だよ。ドジョウがこんなにたくさんいるし。もっと小さい川でないと」

「コウちゃんて、物知りだよね」

洋子ちゃんのその一言で、自分の方が物知りだと言いたい気持ちを抑え、ますます意地になっていく。

「そんなことあるもんか、捕ってやる」

私は今に見てろと思いながら、少しでも何か動くものを見つけると思いっきり網ですくっていた。

そんなことをしながら時間が過ぎ、いつのまにかみんなバラバラになって、それぞれ好きなことをして遊んでいる。

功一君と浩君は別の場所でドジョウを探しているようだ。シロはドジョウ捕りが面白いと見えて、終始浩君の所にいた。浩君の姿はよく見えなかったが、ドジョウをすくい上げバケツに入れる度に、バケツの中をのぞき込んでいるシロの様子は、遠くからでも確認できる。

功一君は用水路の土手を歩き回りながら、水面の下の様子をうかがっている。やはり大きい獲物を狙っているようだ。量より質ということろか。

彼らはいろんな意味で正反対だ。功一君は常に理性的に物事を判断し、規律を重んじる。みんなで立ち入り禁止区域に入って遊んでいたとき、管理人に見つかり怒られた。功一君以外のみんなは逃げたが、彼一人逃げなかった。みんなの代わりに怒られることを買って出たのである。一つ年長ということもあるが、そんな功一君をみんなは尊敬していた。

その上、彼は感情をあまり表に出さない。祖母が亡くなったとき、泣くのを一所懸命堪えていたのは印象的であった。葬式の間中、握り拳を作ってひたすら歯を食いしばり座っていた姿が思い出される。私は功一君にある種の憧れを持つと同時に、嫉妬心を自分の中で育てていったのかもしれない。時々、自分が正しいと思ったことは、むきになって功一君を責めたりした。だが、彼はいつも笑って相手にしなかった。自分が子供に思えてしようがなかった。今思えば、たかが八歳と九歳の子供である。しかし、私の心の中では、功一君は今でも憧れなのである。

反対に、浩君は無責任きわまりない。シロの餌当番もよく忘れていたし、和君のせいにしていたりしていた。また、例の立入禁止区域に入り、管理人に見つかったときも、真っ先に逃げたし、怒られた功一君に向かって、なぜ逃げなかったのかと言いつのっていた。浩君にとっては、罪を犯すことより、捕まることの方が耐えられないのかもしれない。

だが彼は面白い子供である。規則や感情に縛られることがないようだ。ある時、宿題を忘れ学校の先生から怒られて廊下に立たされた。彼はその間気づかれないように、紙飛行機を作り遊んでいた。その紙飛行機が学内の紙飛行機コンテストで優勝したタイプであったのだ。いい感性を持っていたことは間違いなかった。しかし、悪戯好きなところはその性格の一部だ。たまに洋子ちゃんがスカートをはいてくると、よくめくっていた。そんな浩君の行動は、功一君もみんなも歓迎していたものだ。

一方和君は、とにかく優しい子である。気が弱いと言ってしまえばそれまでだが、八歳の子ではしようがない。一の坂町の公務員住宅には、私達以外にも幼稚園に通う子供達もたくさんいる。和君は彼らのいいお兄さん的な存在であった。よく一緒になって遊んでいた。私には出来なかったが和君には出来た。それは評価できるものである。

洋子ちゃんに関してはもう説明はいらない。とにかく気が強い。今までこんな気の強い女の子を見たことがない。どうしたらこんなに勝ち気になれるのかと思うほどである。功一君でさえ嫌気がさす。誰も言い返すことが出来ないことは、洋子ちゃんにとって最大なる武器なのである。しかし、やはり時々女の子らしい一面も覗かせる。そんな時は、何故だかみんな和やかな雰囲気に包まれている。

ドジョウ捕りを始めて一時間位が経っていた。

洋子ちゃんは畦道に咲いている雑草を観察している。和君は私が探している蝦夷山椒魚に興味を持ったらしく、時々何かの生き物を見つけては、興奮しながら私に見せていた。でもそのほとんどがオタマジャクシであった。

浩君はどうやらドジョウを一番多く捕ったようだ。彼の甲高い歓声からも察することができた。

しかし、その歓声が聞こえなくなったかと思うと、急にシロが吠えだした。みんなは、何事かとそちらに目を向けた。シロが土手から用水路に向かって吠えている。浩君の姿が見えない。

「助けてくれー」

浩君の声だ。

「お〜い、みんなヒロちゃんが用水路にはまったよ！」

功一君が叫んだ。しかし、少し笑っている。

他のみんなも駆けつけたが、そこに見えたのは、腰から下が川の中に浸り、流されないように水草にしがみついて叫んでいる浩君の姿であった。溺れるほど深くはないが、流れが強いためあわてたのであろう。

おかしく見えたのは、ドジョウが沢山入っていたバケツがひっくり返り、全て川に流れてしまったことだ。這い上がろうと思えば簡単に出来るのだが、ドジョウを逃がしたショックで這い上がれないようだった。シロは一大事と見たのかまだ吠えている。

「コウちゃん、早く助けてよ」

みんなが笑っているため、浩君は少し怒っている。

「俺、溺れちゃうよ、死んじゃうよ。みんな笑っていないで、早く誰か助けてよ」

相変わらず大げさな言い方だ。功一君はやれやれといった感じで、少しなだらかな場所を探して降り始めた。

「ほら、この手につかまりな」

浩君はその手をちらっと見たが、いらいらしながら叫んだ。

「そこはダメだ、滑るんだよ。俺、そこから落っこちたんだ。こっちから来てくれよ」

確かに、滑ったような浩君の足跡が残っている。

浩君の後ろ側に、急な坂ではあったが、雑草が階段状に生えている下り道があった。功一君は、それを足場に降りながら言う。

「ヒロちゃん、欲張るからいけないんだよ」

功一君は、再度手を伸ばし浩君を引き上げた。

「ずぶぬれだよ」

「バカね、ヒロちゃん。沢山捕ろうとして滑っちゃったんでしょ」

「なんだと、ヨウコちゃんも落っことすぞ」

そんな光景を見て、私は笑いながら言った。

「今日はこれでおしまいにしよう。蝦夷山椒魚はやっぱりコウちゃんの言うとおり、いないかも知れないよ。ヒロちゃん、ドジョウは僕のを半分あげるよ」

浩君のおかげで、さっきまで変な意地を張っていた私は、素直に言うことができた。

「なんだタカちゃん、やっぱりドジョウ捕っていたんだ。僕の分もヒロちゃんに少しあげるよ」

「へへ、タカちゃん、コウちゃん、もらっとくね」

「ヒロちゃん、調子いい」

「ヨウコちゃんには関係ないだろう」

その時であった、今まで日が照り明るかったが、急に雲行きが怪しくなり、あたりが薄暗くなったかと思うと、ぽつぽつと雨が降りだした。夕立であった。私達は急いであの剛史君のいる牛舎へと走った。

みんなは濡れまいと、頭に手をかざし走るのだが、川に落ちた浩君だけはもう既に濡れているためか、笑いながらスキップをしている。

牛舎に着くと、剛史君に頼んで雨宿りをすることができた。中は以前来たときより湿気を含んだ臭いで、少し息苦しさを感じた。みんなは濡れた体を手で払うようにしながら、一息ついている。窓からは激しい雨音が聞こえ、牛達の鳴き声もかき消される勢いである。その音に私達はお互いに話すことも諦めている。

三十分ほど過ぎると、牛の鳴き声は急に大きくなり、雨の激しさがおさまったことが分かった。牛舎の中に幾筋もの日が射し込み、夕立はあがった。みんなは牛舎から出た。そこに繰り広げられた光景に、誰もが声を失っていた。

雨上がり後の鳥のさえずりと共に、東の地平線から天高く二つの虹が同心円を描くように現れていた。遠くの家やサイロ、田畑は夕日に照らされ赤く染まっている。時おり人や車など、動くものがキラキラと光を放ち、その姿を浮かび上がらせている。まさしく地面から天まで弧を描いた虹が見える。まだ青い空をキャンバスにして。

そして、虹に向かって飛んでいる鳥たちもその光景に彩りを添えている。眩しいほどにはっきりと、七色が確認できるくらいの鮮明さである。

雲の合間に浮かんだ虹は見たことはあるが、地平線からまるで天まで続く階段のようにそびえて見える虹は初めてであった。しかも二つもである。そこまで行けば、虹に触れることができると思えるほどである。天使か天女が天から舞い降りるためになされた技のようだ。

みんなも、そしてシロも、その大自然が創るエンターテインメントに酔いしれていた。虹が消えゆくまでだれも声を出さず、二度と見ることはないだろうと子供心にも感じて、虹を目と心に焼き付けていた。そこに見えざる理知の力を感じるかのように。

私はそのような虹をその後見ていない。たぶんこれからも見ることはないと思う。滝川の自然が、友達やシロと共に強く心に刻み込まれている。今、そのような自然があるだろうか。

虹は次第に下の方からゆっくりと薄くなり、徐々に消えていく。舞台は終わりを告げ、現実の世界に引き戻される。心に大きな余韻を残して。

みんなは大きな溜息と共にそれぞれ晩ご飯の待つ家へと帰っていった。シロも自分のねぐらへと帰った。

それからも私たちはシロと滝川の自然の中で戯れた。私たちが学校を終えて神社に来るまで、シロが何をしているのかは分からなかったが、一緒に遊ぶことでシロの安全と健康を守れるとみんなは信じていた。

しかしその過信が、後で大きな事件を招くとは誰も予見できなかったのである。

一九九三年　春

「チーちゃん、ご飯ですよ。手を洗っていらっしゃい」

佐知子は庭で一人遊んでいる娘に呼びかけた。

「ハーイ」

知恵は何かに話しかけていたのをやめて返事をした。

「一人で何遊んでいたの」

「虫さんと話していたの」

虫の嫌いな佐知子は、恐いような気持ちで問いつめるように言う。

「あらやだ、どんな虫なの」

「わかんない、丸くて光っているよ」

佐知子は知恵が指さす方を見た。どうやらカナブンらしい。少しホッとし、知恵をせかせた。

知恵は五歳にもかかわらず、まだ保育園や幼稚園に行っていない。この町は子供が多く、保育園等に入れない待機児童が多いのである。知恵の父は山峰秀夫、三十四歳。建設会社に勤めている。母は佐知子三十歳。家族三人、横浜市のニュータウンに建てたばかりのマイホームに住んでいる。秀夫は東京にある会社まで、約一時間十分かけて通勤している。夫婦仲はよい。近所でも美男美女のおしどり夫婦と言われ、可愛い娘も評判である。

しかし、仕事がら秀夫の帰りは毎日遅く、娘の顔を見るのは、寝顔と朝一緒に歯磨きする時鏡に娘の顔が映っているのを見るぐらいだ。土日も出勤することが多く、たまの休みは疲れを癒すために寝ている。ほとんど娘と遊んでやる時間はない。

そんな状態で一人っ子では可哀想だと、もう一人子供がほしいのだが、それも思うようにいかない。佐知子はそんな夫に知恵と一緒に過ごす時間を作ってほしいと懇願するのだが、あまり強く言えない。というのも、秀夫と佐知子は職場結婚で、夫の仕事の大変さは十分理解しているからだ。十年前、短大卒の佐知子が入社して一年も経たないうちに、ほかの男子社員の憧れのマドンナだった佐知子を秀夫が奪ってしまったのである。上司や同僚から今でもいろいろ言われたりする。

いずれにしても、家を購入したばかりであるため、がんばって働いてもらわなければならなかった。

そんなある時、珍しく秀夫は妻と娘に、近くの公園まで散歩に行こうと提案した。

「いい考えがあるんだけど」

「あら、何」

「今日は鴨がいる公園まで行かないか」

「あら、珍しいわね、自分から言うなんて。何かあったの」

昼食の準備を始めようとしていた佐知子は、前掛けで手を拭きながら嬉しそうに答えた。

「天気もいいし家に閉じこもっているのも不健康と思ってな。それにこの家に引っ越してから仕事を休むこともできなかったし、ゆっくりまわりを散歩してみたくなったんだ」

「そうなの、知恵も喜ぶわ。私、お弁当を作るわ」

「僕が、知恵を呼んでくるよ」

秀夫は、久々に父親らしく振る舞える喜びで、知恵のいる二階の部屋へ階段を二段ずつ駆け上がった。

「チーちゃん、これから公園まで散歩に行くんだぞ。楽しいだろ」

娘を高く抱き上げながら、秀夫は笑っていた。三人の中で一番喜んでいるようである。

「パパ、鴨の親子に会える？」

その公園には大きな池があり、春のこの時期になると鴨の親子を見ることが出来る。

「きっと見れるよ。餌をあげようね」

公園までは家から歩いて三十分ほどだが、緑に囲まれた遊歩道を歩くだけでも楽しい。遊歩道の真ん中に小川が流れ、夏ともなると子供達がザリガニを捕って遊んでいる。

そんな光景を立ち止まっては覗きながら、三人は手を繋ぎ池へと歩いている。休日のせいか色々な人が散歩をしている。ジョギングをしたり休憩所で食事をしたりと賑やかである。

池に着くと芝生にシートを敷き、佐知子はお弁当を取り出し並べ始めた。おにぎりの海苔の香りと芝生の匂い、五月晴れに吹くそよ風が食欲をそそる。

佐知子が知恵におにぎりを手渡そうとしたが、知恵は何かを見つけたらしく、おにぎりには目もくれずにキャーキャー笑いながら池の方へ走っていった。

鴨の親子を見つけたのである。母鴨の周りを七～八羽ほどの雛が、池の縁にある水ゴケをつつきながら泳いでいた。まるでゼンマイ仕掛けのおもちゃのように、水面をあちらこちらとジグザグ動いている。

知恵は興奮し、今にも池に落ちてしまうほど手を伸ばしていた。周囲の子供達や大人達も集まり、可愛らしい知恵の仕草に微笑んでいた。佐知子は知恵が落ちないように近くで体を押さえながら一緒にその光景を楽しんだ。

「ママ、可愛いね」

「カモの赤ちゃんよ」

「いくつかな」

「チーちゃんより子供よ。だから優しくしてね」

「チーちゃん悪いことしないよ。じっと見ているだけだもん。でも可愛いな、ここに住んでいるのかな。捕まえて家で飼っちゃダメ？」

「このカモは野生なのよ。そんなことしちゃ駄目なの」

「なんで、誰のものでもないんでしょ」

「野生の生き物はね、自然の中に暮らしていた方がいいのよ。人間が飼うと自由に空を飛んだり出来ないでしょ。それに死んでしまうのよ」

「どうして？」

「野生の鴨は、何を食べて生きていくかを分かっているのよ。それを人間が邪魔をすると、体をこわしてしまうから。犬とは違うの」

知恵は佐知子の話を理解したのかどうか、鴨の親子が遠ざかるまで見続けていた。やがて興奮したせいでお腹が空いたらしく、弁当を食べ始めていた。

程なく知恵の好奇心を刺激する生き物がまたやってきた。それは大きな犬だった。池の周りを時計方向に、飼い主と歩調を合わせるように歩いている。次第にこちらに近づき、その大きさを見て取れるほどになってきた。

犬を初めて見るわけではないが、このようなロケーションでは感情移入がされやすい。

犬が目の前にやってくると、知恵はなんのためらいもなく近づいて行った。佐知子は幾分の危険を感じてヒステリックな叫び声を上げてしまった。

「チーちゃん、ダメよ！」

制止を聞かずに走り出していた知恵を見た飼い主は、すかさず優しい声で佐知子に言ってきた。

「大丈夫ですよ、この犬はこう見えてもおとなしいですから。元々盲導犬に適した犬ですから、人を咬むことはありません」

佐知子が少し安心するのと同時に、知恵はもう犬に抱きついていた。一瞬の緊張感はたちまちほぐれ、また微笑ましい雰囲気に包まれたのを見て、秀夫は飼い主に話しかけた。

「その犬はなんという種類なのですか」

「ラブラドールレトリーバーです。温厚で人間に忠実な犬です」

「オスですか？」

「女の子なんですよ。三歳ですから、もう大人です」

「この辺は犬が多いですね」

「一軒家が多いですしね、ペットショップも増えてきていますよ」

知恵はそんな会話に聞き入りながらも、繰り返し犬の背中を撫でている。犬はハアハアいいながら時折知恵の顔をなめるので、知恵はくすぐったがるように笑っている。佐知子は犬には関心が無く、他の景色を眺めていた。

「それじゃ、そろそろお嬢ちゃんにさよならしようか」

飼い主はそう言って、犬と立ち去っていった。その後を追いかけるように、知恵は何度も、ワンちゃん、ワンちゃんと呼び続けていた。

佐知子はいやな予感がしていた。先ほどの鴨のことといい、犬のことといい、知恵に説明する言葉を探し始めていた。

その予感は言葉を探す間もなく、知恵の発言で現実になった。

「パパ、ママ、犬買って」

両親ともしばらく沈黙したが、佐知子は下駄を預けるように横目で秀夫を見た。秀夫は心を決めて知恵に話しかけた。

「チーちゃん一人では、育てられないでしょ」

「大丈夫、育てられるよ」

結局自分が面倒を見る羽目になることは目に見えていたので、佐知子は今まで以上にきつい口調になった。

「ダメです。犬の世話はチーちゃんが考えているより大変なのよ。ママは許しませんよ」

「だって、さっきのおじさん飼ってるもん。ああいうのがいい」

「なんてことをいうの、あんな大きな犬は家では飼えません」

「じゃ、小さいのでいい」

「小さくてもダメです」

「でもママ、さっき鴨はダメだけど犬はいいっていったじゃない」

ちゃんと覚えていた。そういう意味で言ったのではないことを、どうやって五歳の子供に言ったらいいのか。

「それはね、ちゃんと犬のことを知っていないと駄目なんだよ。知らないで飼うと、犬が可哀想なことになるだろう。お願いだからチーちゃん、ママの言うことを聞くんだよ」

秀夫が冷静に言い聞かせるように話したおかげで、知恵はおとなしくなり、芝に敷いたシートに座った。

しかし秀夫は一人何かを思案していた。

夏が過ぎ、秋の気配を感じ始める頃、素敵な事件は知恵の誕生日に起こった。

その日、秀夫は早めに仕事を終えて家路をたどっていた。この日のために残業をいつもより多くこなし、付き合いも断っていた。家では本当に約束通り、秀夫が早く帰ってくるのか首をかしげながら、ケーキを前にした二人が待っている。

佐知子は、最近の夫の変化に気づいていた。休日出勤が減ったこと、その分平日は更に遅くなっているが、どうも付き合いでもないようだ。そして、休日には知恵を連れて二人でよくあの池に住む鴨を見に行っているのである。喜ばしいことなのだが、心の中には少しの嫉妬心と、言い表せない猜疑心がうずいていた。しかしそれは、玄関のチャイムの音でかき消された。

「ただいま」

「お帰りなさい」

「仕事の方は大丈夫なの」

「今日のためにがんばったからね」

「パパ、お帰りなさーい！」

「あ、その顔はもう何かを期待している顔だな。ごまかしても、パパには分かるぞ」

知恵は誕生日プレゼントが待ち遠しくてたまらない。秀夫が小脇にかかえている大きな箱から目を離せなかった。

「チーちゃん、テーブルに戻りなさい。パパが着替えてからでしょ。お利口にしていないとパパは何もくれないのよ」

「ハーイ」

「ずいぶん大きな箱なのね。ぬいぐるみかな」

「秘密だよ」

秀夫は隠しきれない大きな箱を更に隠そうとしながら、自分の部屋に向かった。着替えをして、箱は部屋に置いたままテーブルに戻った。誕生日の儀式を済ませてから、プレゼントを渡すのである。

知恵は待ちきれない様子で六本のロウソクを消した。

「チーちゃん、お誕生日おめでとう、六歳になったのね。来年は小学校だわ、早いものね」

佐知子が感心している横で、知恵は待ちきれずに言った。

「パパ、プレゼント」

秀夫は知恵をじらすのを楽しんでいるかのようだ。

「じゃ、ちょっと待っててね、今持ってくるから」

そう言うと、自分の部屋に戻って先ほどの大きな箱を、今度は堂々と抱えて持ってきた。玄関では良く見えなかったが、居間の明るさで箱の横にあいているいくつかの穴が見えた。佐知子はいやな予感に怯えていたが、中身が判明するのにいささかの時間もかからなかった。がさがさ音がしたかと思うと、くーんという鳴き声と同時に閉めてあった蓋から小さな生き物が、びっくり箱のように飛び出してきたのである。

それは、胴が長く足が短い、ミニチュアダックスフンドの子犬であった。ロングヘアのチョコレート&タンである。

「パパ、いったいどういう気？　家では飼えないって言ったじゃない。この子には無理よ」

知恵は誰にも渡さないと言わんばかりに子犬を抱きしめていた。

「大丈夫だよ。チーちゃん約束できるよね、ちゃんと育てるって」

「ちゃんと面倒見るから、ママいいでしょ」

「甘やかしてはダメよ」

「いいじゃないか。甘やかすつもりで買ったんじゃないんだ。以前、チーちゃんと池に散歩に行った時、犬を連れている人達と話すことがあったんだ。その人達によると、子供の教育にはいいんだそうだ。自分が責任持って育てることで、責任感はつくし命の尊さも学ぶんだって。だからある時チーちゃんに言ったんだ。ちゃんとママの言うことを聞いてお利口さんにしていると、チーちゃんが一番欲しいものを買ってあげるってね」

「それでときどき池に二人で行っていたのね」

「君を困らせるつもりはないんだ。まあいいじゃないか、僕も手伝うからさ。これをきっかけにもう少し家族サービスをしようと思っているんだ」

「分かったわ、ちゃんと約束してね。おしっことかの躾《しつけ》も」

「躾かたの本も買ってきたんだよ。これ見てちゃんと育てようね、チーちゃん」

「うん、ちゃんと育てる」

そんな二人のかたわらで佐知子は困り果てていたが、内心はその愛くるしい子犬の表情には勝てなかったようだ。

そしてその犬はその夜から、知恵にとって生涯のかけがえのない友となった。

第二章　シロの活躍

1

みんながシロと慣れ親しんできた頃、私の身に起きた事件でシロの賢さが更に証明された。私はそれを目撃することとなるが、功一君から聞いた話でより関心度は高まった。

ある土曜日のお昼頃、私は学校から帰るなり母と喧嘩をし、家を飛び出していた。何が原因であったかは、今ではもう思い出せない。知らないうちに神社に来ていたが、そこにはまだ功一君、洋子ちゃん、和君、浩君達は来ていなかった。ああ良かったと私は思った。気分が晴れない状態でみんなに会いたくはなかったからだ。

シロの姿も見えない。ねぐらとしている縁の下の段ボール箱は少し壊れかけていた。回りは土が踏み固められたようになっており、ところどころにシロの足跡が残り、抜けた毛が落ちていた。何か急に懐かしい気持ちになって、私はシロの名前を呼んだ。

「シロ、シロ」

すると、境内の裏の方からシロが顔を出した。尻尾を振っている。何をしていたのだろうか。なんのためらいもなく、シロはそばに寄ってきた。

「シロ、何していたんだい」

話しかけながら、私はしゃがみ込み顔を近づけながらシロの首を両手で撫でた。シロは私の鼻の頭を二〜三回なめた。そしてお座りをし、私の左膝に右前足を載せている。シロと接することで、塞いでいた気持ちが健やかになるのを感じた。

今日は一日こうしてシロと一緒にいようと決心した。母に叱られたショックで、家には帰らないつもりでいたからだと思う。とにかくシロを神社から連れ出し、空知川へと向かった。父によく連れて行ってもらった川である。河原には良質の粘土が採れるが、それに加え貝殻の化石も採れる。父と姉の三人で一所懸命になって採っていた時のことを思い出し、急に行きたくなったのである。一人で行くのは初めてであった。川の流れが強い時があるため、父から一人で行ってはいけないと言われていたのだ。しかしその時は、母を困らせてやりたい気分でもあった。

滝川神社から空知川までは、約三キロ弱はあったと思う。真っ直ぐ東に向かって歩けばいいのである。北海道の町は大抵通りが碁盤の目のように造られているため、迷うことはなく分かりやすいのである。

それでも私は神社の南側の坂を降りて踏切を渡り、水田の畦道を歩きながら遠回りをした。人目につきたくなかったし、車が走る道路では不安があったからだ。それに天気も良く、青い空が映える水田を見たかった。

何も言わなくともシロはついてくる。ときどき何かを見つけては、鼻で確認するように立ち止まっている。ジュリーはさっさと母の待つ家に帰ってしまうのだが、シロは私から三メートル以上離れることがない。

家を出て三十分くらいしか経っていない。まだ昼過ぎである。昼食を食べずに出てきたため、お腹が空いてきた。当然お金もなかったので、どうすることもできなかった。だが私は意地になっていた。

ときどき田植えが済んだ水田に目をやると、オタマジャクシが泳いでいるのを発見できた。殿様ガエルの子である。それと一緒にいろいろな水中生物が見えた。ゲンゴロウやトンボの幼虫ヤゴ、アメンボなどだ。

しばらくしゃがみ込み、いろいろな昆虫を観察していた。私は子供らしく昆虫は好きである。オタマジャクシはよく捕っては水槽で飼い、蛙になるまで観察したものだ。よく見るとまだ孵化していない卵があちらこちらにある。その回りをゲンゴロウが泳いでいる。ゲンゴロウはヤゴを食べてしまう悪い虫だと聞いていたので、見つけると小石を投げた。素早く水中に潜り逃げていったが、その間もヤゴは動かずじっとしている。いつトンボになるのだろうか。

アメンボはすばしっこく捕まえることが出来ない。いつもどのような構造になっているのか知りたくて捕まえようとするのだが、なかなかそれがかなわない。

水の中は諦め、畦道の土を掘り返すとオケラが出てきた。オケラは好きな昆虫である。大人になった今では、全く見かけなくなったが、あのひょうきんな表情が気に入っていた。捕まえると、モグラのような手をばたつかせる。不思議な生き物に思えた。

すると自分の足の上を這っている生き物が、視界に入ってきた。小さな蜘蛛であった。一瞬心臓が止まりそうになる。私は思わず足を振り上げ、払いのけた瞬間尻餅をついてしまった。すぐに立ち上がり、まだ体に付いているのではないかと、手で体中をたたきながら飛び跳ねた。まるで猿踊りだ。

この世の中で何が一番嫌いかというと、雷でもなければ蛇でもない、蜘蛛なのである。どんなに小さくても駄目である。見るだけで鳥肌が立ち、血の気が引くように青ざめてしまうのである。他の昆虫は好きだが、蜘蛛だけは小さい頃から駄目であった。それは焼津の半治以上かも知れない。横浜に越してきたとき、夜中に大きな蜘蛛が自分の寝室に出たりすると、電気をつけ朝まで起きていた。恐くて寝ることが出来なかったのである。本州の蜘蛛はとにかく大きい。北海道の小さいのでも駄目なのに、私にはほとんど怪物に見えていた。なぜ、蜘蛛だけが駄目なのか原因は分かっていない。

大人になってのことだが、以前、スティーブン・スピルバーグ監督の映画『アラクノフォビア』は蜘蛛嫌いを治す効果があると聞いて、見てみたことがある。だが、蜘蛛が出てくるシーンでは全て目を閉じていた。たぶん、死ぬまで治らないだろう。

私のそのような様子を見たシロこそ驚いた風であった。しばらく私を見つめ、その場から駆け出した私を面白そうに吠えながら追って来る。どうやらシロに馬鹿にされたようだ。

昆虫観察は早々に中止し、蜘蛛の恐怖が和らぐと、またゆっくり歩き出した。用水路に差しかかった。浩君が落ちた場所である。その用水路に架かる橋を渡り、しばらく行くと最初の用水路よりまた少し小さい用水路が見えてきた。そこにも小さな橋が架かっている。幅三十センチ長さ二メートルくらいであろうか。シロは渡るのをためらっている。私が最初に渡って呼んでも橋の回りを行ったり来たりしているだけである。どうやら無理のようだ。

私は蜘蛛の件で馬鹿にされた仕返しとばかり、しばらくシロを呼び続けじらした。時々、去るふりをしたりして、シロを困らせようとした。シロは怒って吠えている。

そんなシロを私は赦《ゆる》してやり、抱き上げて橋を渡った。シロは足をバタバタさせている。思ったより軽かったが、バランスを崩しそうになり、危うく二人とも用水路に落ちるところであった。浩君が落ちたのを思い出したが、ここはそれより少し深そうである。

その橋を越えるともうすぐ空知川である。空知川が見えてきた。河原に下りる道はなく、群生しているススキをかき分け進まなくてはいけない。私がかき分けて出来た道をシロは後ろからついてくる。ススキの中に入るとしばらく回りが見えなくなるが、やがて目の前に雄大な空知川が拡がるのである。

河川敷も加えると川幅は三百メートルくらいはあるだろうか。それほど流れは急ではなく、ゆったりと流れているが、中ほどに大きな流木が倒れており、その部分の流れだけが勢いを見せていた。

河原付近は砂浜のように広く、少人数で野球ができるほどである。川縁は浅いが、川中はかなり深そうだ。下流に目を向けると空知大橋が見え、行き交う人や車が確認できた。対岸は砂川市である。回りには私達以外誰もいない。

2

シロは川というものを初めて見たようで、臭いを嗅ぎながら時々舌を出し水を飲んでいた。私も水の味がどんなものか手ですくって飲んでみた。すごく冷たく硬い感触であった。

川の水が河原の砂を濡らし、日の光で銀色に輝く。シロと私の足跡が黒く点々としている。川は音もなく流れている。長い時間そんな光景を見つめていたが、私は急に思い立って化石を掘り始めた。そんな私を見て、シロは何が出てくるのかと訝しがり、首を傾げていた。

砂を十センチも掘るとすぐに粘土質の灰色の土が出てくるのだが、そこをもっと掘ると本当の粘土になり、更にその粘土層を掘り続けると硬い土が出てくる。その状態では化石は無い。別の場所を探さなくてはならず、気づくと自分の半径五メートルもの範囲は、モグラが掘ったような穴だらけになっていた。

私はたぶん夢中になっていたのだろう。陽も少し傾きかけていた。正確な時間は分からない。空知大橋の影が河原まで迫ってきている。三時頃だろうか。私は自分の体に少し火照りを感じていた。真夏のような暑さであれば、川に飛び込みたい心境である。その季節ではないのにもかかわらず、透きとおった水を見るとその衝動を抑えきれないでいる。靴を脱ぎ、靴下も脱ぎ、川の水に足を浸してみた。飲んだとき以上に水は冷たく、頭のてっぺんまで冷えていく感じがした。

そうなると何か自然との一体感を得たような気分になり、川縁を意味もなく走り出していた。濡れた冷たい砂を蹴る、指の間にその感触が伝わり、気持ちよかった。シロも興奮して一緒についてくる。犬も気持ちがいいのだろうかと思い巡らしていた。

私は後ろからついてくるシロを見ながら走り、しばらく追いかけっこのようにじゃれあっていた。時々大きな石に隠れたりすると、シロは自分が鬼ごっこの鬼になったように、私を捕まえようとする。逃げると、興奮しながら勢いよく追いかけてくる。また大きな石に隠れるか、石の上に乗って逃げる。そんなことを繰り返していた。やがて二人の足跡は砂地に円を描くような模様となっていった。次第にその模様は大きくなり、そして一本の木に近づいていることを、私達は気づいていなかった。

私もかなり興奮していた。シロが私に追いつけないでいるため、悔しさなのか怒り出したりすると、たまらなく楽しかった。シロが今にも私に追いつきそうになる時は、奇声をあげながら逃げた。

そんなシロを見ながら後ろ向きに走っていたその時であった。振り返ると同時に何者かに思いっきり殴られたような衝撃が顔面に走った。その次の一瞬は記憶が無く、気づくと体中が痺れたような感覚で、周囲の音も聞こえない暗闇の中に、浮いたようにクルクル回っていた。

徐々に体の末端から感覚が蘇り、眠りから覚めるような心地よい気分でいたが、ついには後頭部に重い痛みと左顔面あたりの焼けるような痛さが私を襲った。顔面を木で強打し、後ろ向きに倒れ込んだことが理解できた。目の前の木の存在に気づいたときは既に遅く、何が起きたのか分からないまま、反射的に左目のあたりを手で押さえていたのである。どうやら、木の幹から出ている折れた枝で左目を突いてしまったようだ。

ここは何処なのか、何をしていたのか、必死で思い出そうとする。走っていた、空知川の河原で、シロと。少しずつ記憶が蘇る。

その時は失明するのかどうかなどとは考える余裕もなく、声を発することも出来ず、ただ力無く寝ているだけのようだった。しかし、次に来る猛烈な痛みにすべてがかき消された。目と頭の部分だけが異常な痛さで、他の体は血が引いていくような感覚であった。吐き気がしてきた。そして押さえている手のひらにだんだんと熱いものを感じ始め、それは押さえている手から溢れ頬を伝い耳の中に進入してきた。自分はきっと死ぬのだろうと思った。

あまりのショックで泣くことさえ出来ない。もしここに誰かがいたら、子供なら大声を上げて泣いていたであろう。しかしこの時は、仮に人がいても泣くことが出来ないほど、激しい痛みだった。そのまま気を失わなかったのが不思議なくらいである。それでも、全身は痺れたように動かすこともできない。口を開け声を発することすら出来ない。ただただ、唸っているだけであった。

長い時間が経ったように思えたが、実際は一分も経っていなかったのだろう、背中に硬く冷たい石の感触が伝わってきた。少しは状況を把握できるまでになった。左目のあまりの痛みに右目も開けられなかったのだが、ようやくのことで右目だけを開けると、シロが霞んで見えた。横たわっている私の頬の下をなめていた。出血していたのである。

私はシロの首のあたりを、ようやく動かせるようになった手で確認しながら、声を押し出すようにして言った。

「シロ、コウちゃん達を呼んできて」

シロが駆け出していくのが分かった。

3

シロは勢いよく走りだした。砂地を蹴る音がしている。河原から土手に上がり、子供の背丈ほどに伸びたススキをかき分け水田へと進む。慌てているせいか、新たにススキをかき分ける羽目になった。足を取られ、思うように進めない。方角は分かっている。かき分けかき分け水田に向かい、視界が開けることを祈った。ススキの穂が顔を強く撫でていく。鼻先に水田から吹く風を感じた。

水田に出ることが出来た。ためらわず、もと来た道をそのまま戻るように、西に向かって走り出す。陽射しが眩しく目を眩《くら》ます。しかし、シロには人間にはない犬の嗅覚がある。一緒に歩いた二人の臭いを感じとるのはたやすいことである。ひたすら夕陽に向かい、畦道を蹴って走る。

シロはこの一大事を理解している。シロにとっては初めての経験ではなかったろうか。何か苦しい思いでいた。自分のせいでこのようなことになったのではないかと、申しわけなく思っていた。友達が苦しんでいる、助けなくては、早くしなくては、その思い一心であった。そして、心の奥底に言い知れぬ、耐えきれないものがあることに気づき始めていた。ただ自分にできることは、とにかくみんなに知らせることだと、言い聞かせていた。そして子供達が神社にいることを確信していた。

だが、シロにとっては鬼門である用水路の橋が行く手を阻んでいた。シロは遠回りを試みようとしたが、早く目的を達するため、意を決し橋に右前足を掛けた。ゆっくりと、バランスを崩さないように、足を交互に運ぶ。心許なく震える足をいさめるように。思わず下を見ると、幅はそれほどではないにしても、用水路の水は暗く流れが速いことに今更ながらにして気づいた。今にも吸い込まれ、得体の知れぬ魔物に襲われるような気分であった。それはあまりにも現実味があり、実際に起こるかのように見えた。

二メートル程度の長さではあったが、真ん中あたりまで進んだとき、進むことも戻ることも出来ないほどの状態になっていた。橋が左右に揺れている錯覚に陥っていたのだ。わけの分からない恐怖心につぶされそうになっている。

シロは水の中に飛び込んだり泳いだりしたことはないと思っていた。水は飲むものだと思っている。そこに落ちたらどうなるかは考えていなかったが、今まで、本能的に回避していた。基本的に、犬は水を恐れることはあまりない。レトリーバーは好んで水に飛び込む。しかし、シロにはそれが出来ない。今、その回避指示を無視し、まさに水の上を渡っている。それを突き動かしているものの存在があるからだ。だが、もう動くことが出来ない。

ところがこのような状況下で、何かの記憶が頭をもたげようとしている。シロは下を見るのをやめ上を見た。自分がどこから来たのか、なぜここにいるのか考えた。この時ようやく自分がこの世に誕生した時のこと、ただ眩しく白く光っている世界に出てきたときの記憶がフラッシュバックしてきたのだ。

わけも分からずお腹が空き、甘い香りのする乳房に吸い付いていた。優しく煌めくような光に包まれている。次第に見えるようになる。回りには、自分と同じようにしている生き物達が見える。生まれたばかりの犬の赤ん坊である。シロの兄弟達だ。

頭をもたげ、周囲を見渡してみる。自分達を囲んでいるものに気がついた。ふわふわとした毛布が暖かさをもたらしてくれたのだ。その毛布の壁をよじ登り外に出てみた。住みかの外は板張りになっている。部屋の真ん中に黒い鉄の箱が見え、その箱の窓から赤く燃える炎が揺らいでいるのがわかる。ずっと向こうには、いつも遊んでいる子供達より大きい人間が何人かいた。大人の人間だ。その横に子供が一人いる。人間達は自分に気づいて見ている。一人の大人がこちらに近づいてきて、自分を抱え上げ、何か声を発している。優しい声に聞こえた。子供のきゃーきゃーいう声も聞こえる。さっきまで吸っていた乳房の甘い香りとは違う匂いがした。子供人間の女性だ。包まれるように抱かれ、頭を撫でられた。温かく、柔らかく、人間の優しさに触れていた。懐かしさで心が安らいでいくのを感じていた。たぶんきっと自分の母親に違いない。自分は愛されているのだ。

しかし、その次の瞬間、暗い冷たいじめじめとした地面の上にいた。首を強く締めつけるものを感じた。そこに重たい鎖が付けられ、小さな箱に繋がれている。ここでは優しさに満ちた、さっきまでの母親の匂いを感じとることが出来なかった。その匂いを探そうと二〜三歩歩くと、首が更に締めつけられ、苦しくなる。暗さにも徐々になれ、周囲の状況を確認することが出来た。小さな箱の隣に、同じような形をしたもっと大きい箱が見える。その大きい箱の窓から明かりが漏れている。人間の声がする。しかし、その声は先ほどの声とは違い、聞いたことのない響きであった。優しさを感じられない悲しい響きがあった。言い様のない不安に駆られ、泣き声が洩れる。お母さんに会いたい、どこにいったのだろう、いつ自分を迎えに来てくれるのだろう、ただ泣き叫ぶだけであった。

その時、暗い影からまた一人の大人が近づいてくる。人間の男性である。両手で抱き上げられた。汗くさい臭いとともに、何か声を出している。恐い感じがした。それでも泣き続けた。すると突然、お尻のあたりに激痛が走った。泣く度にその痛みがやってくる。泣くのをやめるしかない。男は去って行った。寒さと空腹が、より母親を思い起こさせる。小さな箱の中は暗く恐怖に満ち、入ることが出来ない。それより空にきらめく星を見上げていた方がいい。

更に次の瞬間、小さな箱がより小さくなっていた。暗いその箱は、大きくなったシロにはもう入ることは出来ない。ただ、外に繋がれているだけである。シロは外にいて、季節の移り変わりを見ていた。春にはモンシロチョウが飛び交うのを眺め、夏は日陰を求めて軒を探し、秋は時々自分の鼻の頭に赤トンボがとまっているのが、不思議に思えた。そして、冬は暖かかった。雪は赤ん坊の頃の毛布を思い起こさせてくれる。白い羽毛の布団のように感じた。この上なく心地良いものであった。

また春が来た。シロはもっといろいろなものに会いたかった。首を締めつけているものがどうにもならない。外すことを何度か試みたが、どうすることもできない。ここに来てどのくらいになるのだろうか、一歩も外に出ることは出来ない。

するとまた男が出てきた。自分の首のあたりをいじっている。急に苦しくなった。このわけの分からない締め付けから逃れることは出来ないのか。ただじっとして何もせずに生きていくことしか考えることが出来なかった。

しかしシロは決心していた。この言い様のない閉塞感の中で、自分が自分らしく生きていける方法は何かと。ここから脱出するしかない。首を締めつけるものを外そうともがいた。しかしもがけばもがくほど苦しくなる。気が遠のいていく中、気づいた。たまの気まぐれか、男が自分を引き連れて散歩をするのである。

シロはそこに自分の新しい人生を迎えてくれる機会を感じていた。その時は来た。男はシロを紐で引っ張りながら歩いている。様子をうかがう。男が誰かと話している時、隙を見てシロは自由に向かって走り出した。気持ち良かった。走りながら心地よい風を感じていたが、後ろの方から男の声が聞こえた。何かを叫んでいる。いつも聞く声だ。恐くなった。

シロは追いかけてくる男を見ながら、ためらわず用水路に飛び込む。用水路の流れは激しく、初めて経験する泳ぎに戸惑った。流れが速い。もがくように手足をバタつかせる。首も更に苦しく締めつけられている。初めて犬かきをやったのだが、そのうち、何かに足を取られ、シロは川の中に吸い込まれていく。

口の中に大量の水が入ってくる。呼吸が出来ない、肺の中にまで水が入ってくる。もうだめだ。シロは自分の死を予感していた。

気づくと、シロは滝川神社にいたのである。全てを思い出した。自分に起こったことを一つ一つ回想することが出来たのである。

生まれて間もなく、あの優しい母親から違う人間の家族に買われたのである。幼い頃は、自由に好きなところへ行くことが出来たが、買われた先では、ほとんど自由がなかった。そこを逃げ、用水路に飛び込むことしか活路はなかった。用水路から上がり、生きる執念に突き動かされ、無意識に安全なところを探していたのである。その時、それまでの記憶をなくしたのだろう。切れた首輪がその葛藤のすさまじさを物語っていた。

シロはようやくこの恐怖心がなんなのかを分析することが出来た。自分は逃げるためにこの用水路に飛び込んだ。この用水路は自分にとってもはや悪魔ではないことを理解した。

すると、全てが見えてきたような気がした。恐れることはない。ここでたじろいでいることに何の意味もない。急に力がわき、シロは一気に土手までジャンプをした。その後はためらうことなくまた走り出している。

シロにはもはや、恐いものはなかった。思いっきり走れることが、こんなに楽しいものかと感じていた。全てを思い出したことで、自由であることの喜びをより実感している。そして、早く友達を救わねばという使命感に燃えていた。

4

土曜の午後、あたりには誰もいない。遠くに見える小高い丘、その下に佇む牛とサイロを背景に、水田の真ん中を夕陽に照らされた白い生き物が走る光景があるだけだ。すばらしい速さで走っている。その光景は、まだ人間が誕生していない原始の時代、自然の中で生命を謳歌している犬の姿のようでもあったに違いない。

碁盤の目のように拡がる水田をいくつも通り過ぎ、シロは懸命に走った。口を開け、舌を垂らしながら。時々、畦道から足を踏み外すが、そんなことは気にしない。泥でお腹から下が汚れてきた。白い全身が見る間に黒ずんでいく。しかし、その泥はシロにとって勲章となるはずだ。

もう一つの用水路に架かる大きな橋が見えてきた。そこは難なく越え、水田の細い畦道を更に走った。もう半分くらいの距離を走ったであろうか。変わることのない景色が連続している。歩いているときは遠くに感じなかったが、かなりの距離を走っている気持ちだったことだろう。蜘蛛に驚いた場所まで来た。

そして、剛史君のサイロが間近に見えてきた。神社へ行く目印となるのがサイロである。その隣に牛舎が見え、みんなで牛舎の中に入ったことを思い出す。その日は、牛達は牛舎から出て、囲いの中の草を食べていた。神社が近いことを確認しながら更に走った。

またもや行く手を阻むものがあった。水田から神社に向かう坂の入り口は、踏切になっており、ちょうど機関車が通っていた。カーブに差しかかるため、黒い煙と汽笛をあげながら徐行している。この光景は何度も目にしている。じっと通り過ぎるのを待つしかないことも理解していた。

カンカン、という踏切の音、汽笛、蒸気機関車特有の蒸気を吹き上げる音を発しながら、黒い鉄の塊が目の前を横切っていく。それに続く焦げ茶色の旅客車両。開け放たれた車窓から子供達が顔を出し、何かを叫びながら手を振っている。たぶん客車の中からは、踏切が開くのをお座りして待つ白い犬を見ることが出来ただろう。

何両の客車がシロの目の前を通過しただろうか。最後部が見えたとき、シロは立ち上がり駆け出す用意をしていた。踏切が上がると同時に、坂を駆け上がっていた。既にシロの耳は子供達が遊んでいる声を聞き取ることが出来ていた。

神社は間近である。子供達は、いた。

5

みんなは、神社の境内の回りで遊んでいた。そして私とシロがいないことを、それぞれに話している。

「タカちゃんとシロがいないってことは、一緒にどこかに行ったのかしら」

洋子ちゃんは、何気なく言っている。

「そうだと思うよ」

功一君も同意した。

「でもそうだとしたら、ずるいな。私、今日はシロと遊べると思って、せっかく来たのに」

「僕もそのつもりだったけど、どうして、ずるいの?」

「だって、タカちゃんの家、犬飼っているでしょ。シロを独り占めにするなんて、ずるいわ」

洋子ちゃんは、また例の調子でだんだん興奮し始めた。

「でも、タカちゃんの家で飼っているジュリーは大きいから散歩に連れていけないって、タカちゃんが言ってたよ。だいぶ前の冬、ジュリーに引きずられて骨を折ったんだって。だから、シロと遊びたかったんじゃない」

「そうかなあ、今日はみんなで遊ぶこと、タカちゃんだって知っているはずでしょ。それを一人でどこかに連れて行っちゃうなんて、意地悪としか思えない。私達を困らせようとしているんだわ」

「困らせようなんてしていないと思うよ。タカちゃんは犬好きなだけだよ」

「私だって、犬好きよ」

「じゃあ、今度はヨウコちゃんが独り占めすればいいじゃない」

それを聞いていた浩君が、割って入るように言った。

「僕は困っていないよ。その方がありがたいよ」

「ヒロちゃんはシロのこと嫌いなの」

洋子ちゃんは驚いたように言う。

「そんなことないよ。好きだけど、ずうっと一緒にいるって疲れないかい？　ずうっと面倒見るのって大変な気がしない？」

「でも、シロと一緒にいると楽しいでしょ？」

「そりゃ、楽しいさ。でも面倒くさい時だってあるだろ。ヨウコちゃんは平気かい？」

「……」

洋子ちゃんは少し口をとんがらせながらうつむいていた。浩君は構わず続けた。

「こんな気分になるんだったら、タカちゃんがシロを飼えばいいんだよ。そしたら俺達交代で面倒見なくても済むし。ねえ、カズちゃん」

「僕、よくわかんないけど、タカちゃんのお母さん結構厳しいらしいよ。犬は二匹も飼えないんじゃないの」

洋子ちゃんは、多少の事情が分かると落ちついたように言う。

「私、タカちゃんのお母さんにお願いしてみようかなあ。シロが、どんなにお利口な犬かも説明できるでしょ。ねえ、コウちゃんタカちゃんの家行ってみない？」

「そうだよ、なんでそれに早く気づかなかったんだよ」

浩君はまた無責任な発言をしている。和君までもが、それにのってしまっている。

「そうだ、そうだ、直接言った方がいいよ」

「ね、いい考えでしょ。タカちゃんが言い出せないのなら、私達で言えばいいのよ。そしたら、タカちゃんだってシロと一緒にいられるし、シロだってその方がいいに決まっているわ。シロに会いたいとき、タカちゃんの家に行けばそれで済むものね」

三人は自分たちのアイデアに満足し、喜んでいた。それを見た功一君は、三人を諫めるようにして言った。

「それはよくないよ。タカちゃんちで犬飼っているからって、みんなで押しつけるのはよくないよ。みんなも飼えないのは一緒だろ？　誰かシロを引き取れるの？　出来ないのにそういうことを言ってはいけないと思うな、僕は。

それにみんなずるいよ。自分が出来ないことを人に押しつけているじゃないか。タカちゃんがお母さんに言わないのは、無理だと分かっているからだろう。本当はタカちゃんだってシロを飼いたいはずだよ。それを無視してタカちゃんのお母さんに僕たちが言ったら、タカちゃんを苦しめることになるんだよ」

浮かれていたみんなが黙り込んだ。少し怒りながら言っていた功一君は、今度は明るく続けた。

「大丈夫だよ。今までどおりシロと遊べばいいんだよ。誰のものでもないさ、みんなのシロじゃないか。シロへの接し方は、みんなそれぞれ違ってもいいじゃないか、気にすることないさ」

「そうね、コウちゃんの言うとおりだわ」

さすがの洋子ちゃんも、功一君の理にかなった話でおとなしくなり、子供じみたことを言った自分を反省した。浩君は相変わらず聞いていないふりをしながら、和君と地面に絵を描いて遊んでいた。

そうしながらも和君は、時々功一君の顔を見ては様子をうかがっている。

「でも、二人はどこに行ったのかしら」

汽笛の音が聞こえる。

洋子ちゃんが独り言のようにつぶやくと、その汽笛の音を縫って、どこからともなく犬の吠える声がした。最初は聞き取りにくかったが、汽笛が遠のくにしたがって、その声はだんだん大きくなっていった。みんなはその声がシロの声であることはすぐに分かった。

「今の声、シロよね」

「シロの声に間違いない」

功一君はそう言うが早いか境内を飛び出し、線路に向かって下る坂の方を見た。そこに見えたのは、坂を走って登ってくるシロの姿であった。シロの吠え方がいつもと違うことはすぐにもわかり、功一君を先頭にみんなは坂の方に走り出していた。

シロはみんなが自分を見つけてくれたのが分かると、立ち止まり、今来た道をまた引き返そうとしている。最初はまたじゃれているのかと思い、浩君は笑っていた。

功一君は犬のサインを読みとることは出来なかったが、シロの訴えは感じとることが出来たようだ。

「シロは何か僕たちに教えようとしているみたいだ」

「教えるって、何を」

洋子ちゃんは何があったのかとぽかんとしている。功一君はシロの後を追った。

「とにかくみんな、シロの後をついていこうよ。僕たちをどこかに連れていきたいみたいだ」

和君は不安そうに言った。

「タカちゃんがどうかしたんじゃないのかなあ」

「そうかも知れない、みんなついておいで」

みんなは互いにいろいろな推測を口に出しながら、シロの後を追いかけ始めた。功一君だけが何も言わずに走っている。

シロは再度来た道を走っている。踏切を越え、サイロを通り過ぎ、水田の畦道をまた駆け抜ける。子供達がちゃんとついてきているかどうかを確認するように、時々振り返る。その距離が縮まるとまた駆け出す。

足の速い功一君は、シロに遅れず何とかついてきているが、洋子ちゃんと和君はかなり遠くに引き離されている。その中間くらいを浩君が走っている。

水田の中を白い犬と人間の子供達が点々と長い列を作るように東に向かっている。狩猟時代が始まった頃のように。

シロはまたあの鬼門の用水路の橋を渡らねばならなかった。渡る手前で立ち止まった。しかし、それは恐れからではない。みんなを誘導するために待っているのだ。もうシロはこの細い橋を克服していた。今度はバランスよく一気に渡ることが出来た。後はススキの森を抜け、空知川の河原へと駆け下りるのみであった。

6

私は目をぶつけたショックから少しずつ立ち直りつつあった。事故が起きた時の状況を思い出そうとしている。振り向きざまに、折れた木の枝が左目を確かに突き刺した感じであった。大げさではあったが、眼球が無くなっているのではないかと思うほどだ。目のあたりの感覚が次第に鈍り、頭の方の痛みだけが残っている。

きっと自分はこれで失明するのだと考え、好きな絵や工作をすることが出来なくなるのだろうかと思い始めていた。いや、自分は片目の絵描きになるんだと、わけの分からないことを思いつつ、分からぬ先の将来を考え、少し英雄気取りにもなっていた。

左目を押さえている手がだんだんしびれてきた。目の痛みも少し和らいだかにみえ、手を外そうとした。しかし、固まった血が接着剤のように手と顔とをくっつけている。それでも恐る恐る外そうとすると、皮膚を持ち上げることになり、新たな痛みがやってくる。その痛みはしばらく続き、こめかみの動脈を打ち続けた。

母と喧嘩をして家を出たことを後悔していた。大人を困らせてやろうなどとは思ってもいけないことだと反省する。学校の先生はなんと言うだろうか、やはり怒るのだろうか。先生は親の言うことを良く聞きなさいと、いつも言っていた。

母の顔が見えてきた。怒っているのか悲しんでいるのか分からないが、こんな自分を見て、母はなんと言うだろうか。罰が当たったのだろう。

このままここできっと死ぬんだ。誰にも見つけられることなく朽ちていく、八年間の生涯だ。死んだら、何処に行くんだろう。天国か地獄か。自分の短い人生を振り返る。何か良いことをしただろうか、悪いことをしただろうか。私は待つ時間を持て余し、いろいろなことを思いめぐらしていた。

それでも相変わらず痛みは取れない。目の痛さと頭の痛さが交互に来ている感じである。全ての神経が目に集中しているためか、耳もよく聞こえない。陽がかなり傾いているようだ。陽の当たる感じはするが、吹く風に少し寒さを感じ始めていた。

シロが駆け出してもうどのくらい経つのか分からない。風も吹く力を強めてきている。その時、風の音に乗って子供達の叫ぶ声が聞こえた。キャーキャーともワーワーとも、原始人のうなり声のように聞こえる。幻聴なのだろうかと思っていると、言葉となった誰かの声が聞こえた。

「タカちゃんだ！　タカちゃんが倒れてるよ」

功一君の叫ぶ声だ。シロはちゃんとみんなを呼んできてくれたのだ。シロの息づかいを耳元に感じたとき、思わず涙がこみ上げてきた。ずっと左目に手を押し当てていたが、涙が溜まっていくのが分かった。おかげでくっついた手を外しやすくなったが、わずかに傷口に涙がしみていくのを感じた。どうやら眼球の下のようである。

すぐに功一君は私に駆け寄り、みんなを呼んでいた。

「みんな、タカちゃんが怪我をしたんだ。目から血が出ているんだ」

功一君は興奮していた。みんなの足音が背中に伝わり、近づいてきているのが分かった。

「タカちゃん、大丈夫かい？　立てる？」

私は功一君に支えられ、何とか立つことが出来た。少し頭がくらくらしている。左目から手を外すことが、恐くて出来ない。血の量は私が思い描いていたほど多くはなかったが、まだ少し流れていた。それでも、その光景を見たみんなは、悲痛な叫び声をあげた。気の強い洋子ちゃんでさえ、泣き出しそうな声になっていた。

「ヒロちゃん、タカちゃんのお母さんにこのことを伝えるんだ。僕たちは何とかしてここからタカちゃんを運ぶから」

「うん、分かったよ。呼んでくるね。タカちゃん、元気だしてね。」

「カズちゃん、右側を支えてくれる？　僕は左側を支えるから」

「分かったよ。タカちゃん、歩ける？　目痛いの？　どうしてこんなことになっちゃったの？」

なんだかかえって痛みが増すような気がしたが、みんなの優しさには心を打つものがあった。その間、洋子ちゃんは濡らしたハンカチで私の顔の血を拭ってくれていた。

7

浩君はシロほどの速さではないが、飛び跳ねるようにして私の家に向かって走っていった。来た道をそのままではなく、根室本線の線路沿いの道を通った方が近道なのを知っていたため、ひたすらその道を走り続けた。

ちょうど線路とその近くにあるサイロの間を通りかかったとき、浩君は剛史君を発見した。剛史君は牛舎の裏でリヤカーに干し草を入れ、牛舎の中に運んでいた。

浩君はうっかり八兵衛のように、剛史君に駆け寄っていった。

「大変だ大変だ。タカちゃんが目から血を流して河原に倒れていたんだ。僕、今タカちゃんのお母さんを呼びに行くところなんだ」

浩君は立ち止まってそう言うと、また走り出した。笑みを含んだその言い方には、何か楽しんでいるようなところがみえる。

「おおい、どこにいるんだよ」

剛史君はあきれるように浩君の背中に向かって叫んだ。

「空知川の河原だよ。大きい流木がある近くだ。今、コウちゃん達が助けているんだ。こっちに向かっているはずだよ。僕はとにかくタカちゃんのお母さんに知らせないといけないんだ。じゃあね」

浩君は自分は大役を果たしていると言わんばかりに、何度も振り返りながら走り去って行った。

8

私は功一君と和君に支えられながら歩いていた。河原の土手を上り、ススキの林を通り抜けている。左目の痛みも少しずつ癒えてきている気がした。押さえていた手を離したい思いでいたが、それをみんなに見られるのが恐かった。自分の歩調と功一君と和君の歩調がなかなか合わず、余計に頭がくらくらする。もう自分で歩きたいと言いたいほどである。

しかしそんなことよりも辛い状況に来ていた。シロが渡れなかった用水路の橋に来たのである。

功一君と和君はどうやって渡ろうかと思案している。私は自分一人で渡ることを告げて橋を歩き出した。

「タカちゃん、無理だよ。僕たちが運んであげるから」

後ろで功一君が叫んでいる。どう考えても、三人でこの橋を渡るのは難しい。私もいつまでもみんなに頼り切っている自分がいやになりだしていた。そこで私はやっと左目から手を外すことが出来、両手でバランスをとりながら橋の上を歩いた。霞んで足元がほとんど見えない。

足が震え、今にも落ちてしまいそうだ。シロもこんな気持ちだったのかも知れない。私のために、何とか勇気を出してこの橋を渡ったのだろう。そう考えると、もう甘えていてはいけない気持ちになっていた。思いっきり目を見開くと、少しは見えてきた。それを頼りに、躓《つまず》きながら少しずつ歩き出す。

橋を渡りきった時、みんなも続いて渡り、私の後ろを支えだした。ありがたかったが、少し煩わしさを感じていた。すぐに意地を張ってしまう。一人で歩きたい気分なのだ。

恐る恐るもう一度左目のあたりをさわってみた。腫れているのは分かったが、固まった血でがさがさしている。血は止まったように思えたが、みんなに見られたくなかったので再び手で押さえる。

陽もかなり傾き、夕陽となっている。少しは左目を開けることが出来るようになっていたが、傾いた日差しが眩しい。どうやら失明はしていないようだ。私を気遣う功一君や和君、洋子ちゃんが後ろで何か話している。そして、私に向かって叫んでいる。

そんなことには構わず、私はよろよろと歩き出した。頭がまだくらくらする。その上、足が自由に前へ進まない。戦に敗れ、戦場をうろつく野武士のような気分だ。後ろから叫ぶみんなの声を無視し、足を引きずるようにして、二〜三メートルほど歩いただろうか。

私の行く手に、夕陽を背に黒いシルエットとなって立っているシロの姿が霞んでわずかに見えた。表情は分からない。でも、私を諫めるように立ちはだかっている。優しく深く包むように、眩しく輝いているようにも見えた。

すると、シロの後ろに何か大きい四角いものが見えたが、私は気分が悪くなりそのまま地面に倒れ込んでしまった。

「タカちゃん、大丈夫?」

洋子ちゃんが叫んでいた。そして、シロの背後に新たに出現した人物に向かって、功一君が言った。

「ツヨちゃんどうしたの?」

「ヒロちゃんが、タカちゃんが大変なことになっているって言ったから来たんだよ。なんだかわかんないけど、リアカーが必要かと思ってさ。タカちゃん、いったいどうしたんだい?」

「目を怪我したみたいなんだ。とにかく、このリアカーで運ぼう。助かるよ」

「目の回りが血だらけだよ。大丈夫かな」

剛史君の言葉でリアカーに乗せられた私はもう動くことが出来なかった。

気が付くと、私は病院の診察台の上にいた。滝川神社の近くにある佐藤病院である。横に目を向けると、心配そうに見つめている母の姿があった。怒られるのではないかと何も言わないでいると、母は私の目の下に冷たい布をあてがってくれていた。

病院の先生が来て母と話している。どうやら私は目の下を切ったらしい。そして倒れたときに後頭部を打ち、脳震盪の状態であったようだ。運良く眼球は傷つけておらず、下まぶたを縫合するだけで済んだのである。

しかし先生によると、後から視力に影響が出るかも知れないということだった。事実、私の視力は一・五であったが、三十を過ぎると左目の視力だけが徐々に低下し、四十になると〇・一以下になってしまった。たぶんこのときの怪我が、今になって後遺症となって出てきたのであろう。

私はそんなことより、シロのことが気になっていた。母に尋ねると、みんなと一緒に遊んでいることを告げられて安心した。自分を助けてくれたのはシロであり、飼って欲しいことを言いたかった。言えなかったのは、病室にいる自分だけが取り残された気分でいたからだ。そこにみんなやシロはいないのである。そしてその時言わなかったことを、後で悔やむことになる。

それから私は一週間ほど学校を休み、翌週には眼帯をかけて学校に行けるようになった。この事件は学校でも話題になっており、クラスのみんながシロという犬に興味を引かれていたようだ。そのためか、先生に呼び出され、家出したことをきつく叱られもした。二週間もすると下まぶたの切り口はふさがり、抜糸をすることが出来た。更に一週間で、ほとんど傷が分からないほどに完治した。

シロの活躍は、しばらくみんなの、いや一の坂町の住民の誇りとなっていた。

一九九四年　春

知恵はこの春小学校に入学する。その入学式の当日、知恵は一人で困っていた。学校に行きたくなかったのである。ルルを一人ぼっちにしたくなかったからだ。ルルが一人ぼっちになるというより、自分が寂しいのだが。

ルルは昨年の誕生日に父からプレゼントされた犬、ミニチュアダックスフンドである。知恵は六歳で、今年七歳になるのだが、ルルは一歳になった。お互いにまだ子供である。離れたくなかった。

「チーちゃん、ルルを置いていきなさい。学校につれていけないでしょ。先生に怒られるわよ」

「そんなことないもん」

「どうして?」

「だって、学校で兎飼っているんだよ。犬だって大丈夫よ」

母親の言うことに全く耳を貸さず、知恵はルルを抱きかかえ連れていこうとする。佐知子は慌てて知恵を引き留め、ルルを奪い取った。知恵は泣きだし、どうしてもルルと一緒でないと学校に行こうとしない。登校初日からこれでは、先が思いやられる。

しかたなく、佐知子はルルを抱きながら、知恵と一緒に学校へ向かった。学校は家から歩いて十分程度。途中まで連れて行き、すぐにルルを家に戻してから、再び学校に行くつもりでいた。入学式であるからだ。

「チーちゃん、学校までよ。ルルが見送ってあげるから」

「いやだもん、ずうっと一緒だもん」

学校が見えてきた時、佐知子は知恵を振り切ろうとして言った。

「チーちゃん、ここまでよ。ルルを家に置いてから、ママもすぐに学校に行きますからね」

「いやだー」

知恵はだだをこねて座り込んでいる。それを無視し、佐知子は歩き続けた。後ろから大声で泣き叫んでいる声が聞こえる。ここで甘やかしてはいけないと思い、ルルを家に置いていく決意をしていた。すると、泣き叫ぶ知恵の声に、ある女性の声が被さった。通りがかった三十代くらいの主婦らしき人が、知恵を案じて話しかけていたのである。

佐知子は自分が幼児虐待でもしているのではと疑われることを恐れ、しかたなく知恵の所までルルを抱いたまま戻った。その主婦に事情を説明して誤解を解き、とにかくこの状態で学校の門まで行くしかないと諦めた。

学校に着いた。他の生徒も親が付き添っている。犬連れなのは、佐知子達一組だけであった。

校門で新入生とその母が、犬を巡って喧嘩をしている。

「チーちゃん、ママは本当に怒りますよ。ルルを離しなさい。言うこと聞かないと、パパに言いつけますよ」

「パパは、おこんないもん」

すっかり見透かされている。佐知子は改めて自分の夫を恨みたくなる。みんなが見ているところに学校の関係者と思える人が来た。知恵のクラスの女性の担任の先生であった。

知恵の名札を見るとその先生は、しゃがみ込みながら話し始めた。

「知恵ちゃんは犬が大好きなんだね」

「うん、いっつも一緒なんだ」

「そうか、でもこのワンちゃんはそう思うかな」

「思ってるよ」

「ワンちゃん、学校嫌いかもしれないぞ」

「兎だっているもの」

「知恵ちゃん、兎さんを見てみようか」

「うん」

知恵はルルを抱きかかえながら、先生に導かれて兎小屋へと歩き出した。なぜか知恵を取り囲むように、他の生徒や父兄達も兎小屋へと向かっている。佐知子は恥ずかしさのあまり赤面し、この場から逃げ出したいと思った。

兎小屋の前に来ると、先生はまたしゃがみ知恵に微笑みながら話しかけた。

「兎さん達を見てごらん。動物はここにいるから安全に暮らせるんだよ。このワンちゃんもここに入れていいのかな？　やだよね」

「うん」

「このワンちゃんは家にいた方がいいよね？　お母さんに預けた方がいいよね？　一日中この兎小屋に入れておきたくないよね？」

「ちがうもん、一緒にいたいんだもん」

「教室はね、動物は入れられないんだよ」

「どうして？」

「勉強の邪魔になるでしょ」

先生も閉口し始めていた。周囲の人々も興味深く成り行きを見ている。とんだ見せ物になってしまった。

「お母さんですか？　お子さんに言い聞かせて下さい」

佐知子は秀夫にどのように悪態を付いてやろうかと、頭の中で考え出せる言葉を探していた。横から突然先生に話しかけられて、思わず反射的に言ってしまった。

「そんなこと、あなたが考えて下さい」

我に返ったときは遅かった。唖然とする先生の顔と周囲の笑い声が響いていた。佐知子は顔から火が出るほど赤くなり、口をぱくぱくしながらひたすら頭を下げているのみである。

知恵にはどうしても理解できなかった。兎がいるのに、なぜ犬はいけないのか。兎小屋に犬を入れることはいやであったが、だからといってルルと引き離されることには、知恵なりに不条理を感じていた。

もはや、この状況を落ちつかせる術はない。佐知子は赤面の体であったが、とにかく知恵に言い聞かせる言葉など見つからず、ルルを引き離すと厳しい言葉で言った。

「チーちゃん、ママはもう許しません。言うことを聞きなさい。とにかく学校に行ってちょうだい。ルルは家に帰りますから」

「ルル、ルル！」

知恵の叫びを無視して、佐知子はルルを連れて家に足早に立ち去った。

その夜知恵が寝静まった後、佐知子と秀夫の家族会議が始まった。

佐知子はしばらく黙って秀夫を睨みつけていたが、疲れた様子でいるのが分かると、観念したようにその日の出来事を説明し始めた。

「あの子には困ったものだわ」

「そうか、知恵はそんなことをしたか」

「ずいぶん余裕ね」

「やっぱり俺の子だな。俺も小さい頃、ネズミを学校に連れていったものさ」

「ネズミと犬は、違うでしょ」

「そうかもしれない。でも同じ動物なのに、兎は学校で飼っていいのに犬は駄目なのはなぜなんだろうね。知恵の気持ちが分かるよ」

「何言ってんのよ、私はうんと恥ずかしい思いをしたんだから」

「ルルは、どうしているんだい？」

「チーちゃんが抱いて寝てるわ」

「今度の日曜日、チーちゃんにちゃんと僕の方から言って聞かせるよ。こういうことには自信あるんだ」

「大丈夫？」

第三章　シロ、誘拐される

1

シロとの出会いから二カ月ほどがたった。滝川も初夏を迎え、厳しい暑さの季節がやってくる。滝川は内陸であるため、冬は寒く夏は暑い。ただ湿度は低く、気温が上がっても比較的過ごしやすい。

子供達にとって楽しい夏休みが目前に迫っている頃で、気持ちも散漫になりがちである。シロの武勇伝は町中でしばらく話題になったが、平凡な日々が戻ると、人々は時折思い出したように話す程度になっていった。だが、子供達にとっては、シロは英雄となっていたし、みんなのシロを見る目は大きく変わっていた。私も薄く残っている下まぶたの傷跡を見ると、あのときのシロの勇姿を忘れることは出来ない。

みんなはそれぞれにシロに対し、興味を抱くようになったようだ。私は目を怪我して外に出られなかったしばらくの間、シロに会えなくてやきもきしていた。目が治り、外に出られるようになると、すぐにシロに会いに行き、それからも毎日のように遊んだ。

私一人で会いに行くことも増えたが、みんなは、特に洋子ちゃんはそれについて何も言うことはなかった。ただみんながシロとじゃれあっている時など、そんな光景を見て、私は言いようのない嫉妬心に駆られていた。まずいことに、まだそれを自覚できる年齢に至っていなかったためか、ときどき変な行動を引き起こしていた。

いつだったか、シロとみんなで池のまわりでボール遊びをしていた時、私はわざとボールを池に投げたことがあった。シロは迷わず池に飛び込み、泥んこになってしまった。結局、みんなで洗ってやったが、私一人悪者にされ、嫉妬からは何も生産されないことを身を以て知らされる羽目になった。

今思うと、シロは私達に平等に愛情を注いでいたのかも知れない。あるいは、逆にこちらが愛情を注げば、それに素直に応えていたのであろう。

シロも少し大きくなり、すっかりみんなと打ち解けている様子である。悪戯をしたり、よく吠えたりもした。時々調子に乗りすぎて、みんなが嫌気をさすこともあった。

夏休みに入ると、子供達はとにかくよく遊んだ。また用水路に行ってドジョウを捕ったり、蛙やクワガタ虫を捕まえたりしていた。クワガタ虫は大抵小さいコクワガタで、オオクワガタやノコギリクワガタはいない。秋が近づいてくると、もう少し多様な昆虫が現れる。

週に二、三回、プールに行って泳いだだろうか。学校にはプールはなく、一の坂町から北にバスで十分くらいの所にある滝の川運動公園のプールへ行った。当然、学校の授業には水泳がない。したがって、泳げる子は少なかった。プールに入っても、浮き袋で浮かんでバタ足をするか、素潜りをして遊ぶ程度である。それでも、北海道の夏は短いので、泳げる時に泳ぎたかったのである。曇ったりすると気温が急に下がり、泳ぐことが出来ない。

和君と曇りの日に泳ぎに行ったことがあるが、三十分とプールにいることは出来なかった。夏休みも中盤過ぎ、お盆を迎えて、盆踊り大会、花火大会、縁日、そして和君の嫌いな肝だめし大会と、楽しい日々は続いた。

みんなとシロが一緒に町に出ることも多くなり、この頃ではシロは一の坂町以外でもちょっとした有名犬になっていた。みんなで浴衣を着て縁日に繰り出したとき、大人達もシロの立ち居振る舞いから利口な犬であることを理解し、よく愛撫していたものだった。

誰かシロをもらってくれる大人が現れないものかとつくづく思い、楽しそうなシロの姿を見ると、不憫に見えてしまうがなかった。

2

北海道の夏は短く、お盆を過ぎるとすぐに秋めいた季節になる。夜も急激に寒くなり、長袖が必要な時期である。事件が起きたのは、そんな秋風が吹くお昼過ぎのことだった。

私が夏休みの宿題のために部屋で工作をしていると、洋子ちゃんが訪ねてきた。とても暗い面もちで、すがるような目をして言う。

「タカちゃん、シロがどこ探してもいないんだけど」

工作に夢中になっているところを邪魔され、私は無愛想に言った。

「どこか一人で散歩しているんじゃないの」

実際に私たちは一日中シロを見ているわけでもないため、シロだけでウロウロすることもあると思っていた。

「でも、普通呼んだら出てくるでしょ」

「神社の縁の下見た？」

以前ボール遊びをしたとき、シロがボールを取りに入った縁の下からなかなか出てこなかったことを思い出した。

「タカちゃん、一緒に探そうよ」

「今、夏休みの宿題をしているんだ」

「ちょっと来てくれるだけでいいの」

「宿題がたまっちゃっているんだよ。できなかったらまたお母さんに怒られちゃうよ。代わりにヨウコちゃん、やってくれる？」

「やだ、そんなの自分でやりなさいよ。それにタカちゃんの得意な工作、私に手伝えるわけないでしょ」

「違うよ、この宿題帳のことだよ。何日が晴れだったか雨だったか分からないんだ。それだったらいいだろ」

「分かったわ、後で私の見せてあげるから、早く探しに行こう」

「ほんとに、ヨウコちゃんはいつも強引なんだよな」

ぶつぶつと聞こえるような独り言を言ったが、彼女は聞こえない振りをしてさっさと出て行ってしまった。

言い出したら後に引かない性格はよく知るところで、それを拒否したら後の復讐がどんなものか想像できた私は、宿題を手伝ってもらうことを条件に渋々承知した。本当に嫌だったわけではないのだが、絶対どこかにいるだろうと楽観視していたのである。

工作を一旦中断し、洋子ちゃんの後を追いかけるようにして神社へと向かう。どこかにいるだろうと思いながら、シロも大人になって行動範囲が広くなったのだと、自分に言い聞かせていた。

神社に着き、シロの名前を何回か呼んでみたが、五分ほど呼び続けてみても現れる気配がない。心配している洋子ちゃんを見つつ、私はシロがいなくなった現実を受け止め始めていた。

「やっぱりいないでしょ。私、コウちゃん達を呼んでくる。みんなで探せば見つかると思うわ。タカちゃんはここで探していて」

「一人で置いていかないでよ」

「すぐ戻るから」

言うが早いか、洋子ちゃんは鳥居へ向かって走って行った。秋風が吹き、落ち葉が舞う中を走るその後ろ姿は、これから起こる悲しみを暗示しているかのように思えた。

さっきまで私は工作のことが気がかりで上の空でいたが、今はもうシロのことで頭がいっぱいになっていた。最悪のことは考えまいと思うあまり、自分でもどこを探しているのか分からない状態になりながら、シロの名前を呼び続けた。

みんなが駆けつけてくれるのが待ちきれない気持ちと、時間の経つことの遅さに耐えきれない思いでいた。今まで過ごした時のシロの色々な表情や、自分を助けてくれた時のことなどが思い浮かび、物音や視界の片隅をよぎる動くものに敏感に反応していた。そしてその都度溜息をついては、再び名前を呼ぶことを繰り返していた。

いったい何処に行ったのだろうか。シロに限って、私達を置いてどこかに行くなどとは、考えられなかった。あの時、シロを飼ってもらうことを母に強引にでもお願いすれば良かったと思い始めていた。今、シロが出てきたら、絶対に母にお願いするのだと自分に言い聞かせた。

どのくらい経ったろうか、みんなが来るのがあまりにも遅いと感じていたとき、後ろになにか物音がした。振り返りながら、私の頭はシロなのかみんなが来たのか、瞬間的に判断しようとしていた。しかしそれは裏切られた。

そこに立っていたのは、八十歳ぐらいのおばあさんであった。

見た瞬間全身に鳥肌が立つのを感じたが、腰を曲げしばらくこちらを見つめている顔を見て、なにか良い知らせでもその口から出てくるのではと期待し、冷静を保とうとした。しかしその表情に、悪いことの前触れを感じさせるものがあった。

顔は無数の皺に埋もれ、髪の毛は白髪で後ろに束ねられ、茶色の丹前ともんぺに身を包んだその姿を見たとき、私は学校の先生が授業の時話してくれた「山姥」の物語を思い出さずにはいられなかった。そして少しの緊張した時間ののち、老婆は口を開いた。

「あんた、シロとかいう犬の飼い主かい？」

少し強い口調だった。私は、おばあさんという人間は口調がきつくともいい人もいると信じていたが、この老婆に関しては味方なのか敵なのか判断つかず、ましてその問いに対してどう答えたら自分にとって有利な状況をつくれるのかも分からず、ほとんどパニック状態に陥り、ただ口をぱくぱくするだけで声を出せなかった。老婆は私の状態を見るや、全てを話す構えになった。

「困るんだよ、そのシロとかいう犬が悪戯してさ。あんた飼い主じゃないんだろう。何人かのガキがいつも犬に餌やるから、ここに居座ったじゃないか。おまえさんもその仲間だろう。ほんとに最近の子供はどうしようもないんだからね。それも神社をねぐらにさせて、バチが当たるよ。うんこもその辺り一帯に散らかっているだろ」

どのくらいその罵声は続いただろうか、私はただ耐えた。シロがどうなったかを早く知りたかった。教えてくれるなら何時間でも老婆の怒りを我慢するつもりでいた。しかし老婆は最後に「ふん！」と言うと向きを変え、腰を曲げたまま立ち去ろうとしている。このままではいけない、たぶんこの老婆がなにか知っているに違いない、なにか言わなくては。私は先生に質問する時より勇気を出して言った。

「すいません」

声を出したつもりだったが、声になったかどうか分からない。

老婆は立ち止まったかに見えた。ゆっくりとこちらを振り返り、私の言葉を聞き取ろうとしている。その顔に先ほどの「山姥」のような険しさはない。私は救われたようにもう一度声を絞り出した。

「すいません、シロは、いったい、どこに」

老婆は真一文字に結んだ口を開き、二言三言なにか言うと、その場をすたすたと去って行ってしまったのである。

頭から一気に血が引いたように、私は全身を凍りつかせていた。老婆の言った言葉を、意味は理解するもののそれを飲み込むために、何度も口の中で呪文のように繰り返していた。

しばらくそのまま地面を見つめ、次第に地面が霞んでゆくのが涙のせいだとわかった時は、目から滴となって落ち、ことの重大性に気づき始めていた。なぜここに立っているのか、何をするためにここにいるのか、記憶喪失者のような姿であったに違いない。いやむしろその方が良かったであろう。頭の中では今耳にした事実を消し去りたいという強い意志が作用しながら、一方ではそれが現実であることをはっきりと自覚していた。

陽が傾きかけ、自分の影が少しずつ伸びると共に自分自身を取り戻しつつある私は、周りで見ているみんなの姿でやっと我に返り、同時にどう切り出して良いか分からずただ無言でいた。

まだ涙が止まらないでいる私を見て、洋子ちゃんは不安そうに言った。

「タカちゃん、どうしたの。シロ、見つかった？」

洋子ちゃん始め、功一君、浩君、和君、みんな私の顔をじっと見ている。その場から逃げ去りたい、もしくはみんながどこかに行ってしまってほしい気分であった。どうして自分ばかりがこんな目にあうのか。なにか裁判の証人台に立たされている気分で、みんなが敵のように見えていたと思う。涙を拭いながら、重い口を私は開いた。

「さっき、ここにおばあさんがいて、シロが、あんまり、悪戯をしたり、うんこをしたり、するからって、養豚場の佐藤さんに言って、シロを、連れていってもらったんだ」

ほとんど消え入るような声で、最後の方はしどろもどろであった。

「養豚場の佐藤さん？」

洋子ちゃんは思い出せないふうだった。

「養豚場の佐藤さんて、この間コウちゃんとヒロちゃんが言ってたゴローじいさんのことなんだろ？」

と和君。

「コウちゃん、そうだっけ」

「うん、確か佐藤豪一ていうんだ」

「それじゃ、ゴロージいさんじゃないじゃないか」

　私は間違っていてほしい気持ちで、少し興奮しながら言った。しかし、功一君は冷静に説明を続けた。

「ゴロージいさんはあだ名で、本名は佐藤豪一って言うんだ。いつもゴロゴロしているからそう呼ばれているって、うちの父さんが言ってた。だから、このあいだヒロちゃんと一緒に話した養豚場のじいさんに間違いないよ」

　功一君のしっかりした言葉遣いに私はよけい取り乱し、涙は更に溢れ出ていた。親の前で泣くことはあっても、友達の前で泣くのは初めてだった。特に女の子の前では。恥ずかしい気持ちはどこかに飛んでいたようだ。

　みんなはそんな私を見て驚きを隠せずにいたが、もらい泣きなのかみんなも泣くのを堪えている。また何か悪ふざけでもするのかと思った浩君も、この現実を真面目に受けとめている。

　最初は不安そうな顔をしていた洋子ちゃんの顔が、少しずつきつい顔に変化していくのが分かった。そして声を下げた調子で言った。

「じゃ、本当にシロは豚の餌にされちゃうの？」

　洋子ちゃんのその一言で、改めて残酷な現実を認識させられ、私は喉に何かが詰まったような苦しみで呼吸をすることもできず、時々肩を上下に大きく振り上げ、もがくように泣き叫んだ。シロはいったいどんな殺され方をするのだろう。私だけではなく、たぶんみんなにも同じ考えがよぎったのではないか。そんなことは考えたくはなかった。考えるだけでもおぞましい。その考えを何とかぬぐい去りたい。

あのシロが、利口で聡明で勇敢なシロが、そんなことがあってたまるものか。そう思い続け、シロの姿が頭をよぎるとよけい泣けてきた。

功一君は唇を嚙みしめ顔を赤くし、力強く手を握りしめていた。一所懸命涙が出るのを堪えている様子だ。

こういう事態はもう五人の幼い子供達には耐えられるものではない。たぶん、みんなはパニック状態で、それぞれに制御できない感情に振り回されていたようだ。

「そんなのやだ」

和君は叫ぶようにして泣きながら、家に向かって走り出していった。みんな普通の幼子のように苦しんでいた。その中でも、何とかこれ以上泣くのを抑えようとしているのは、洋子ちゃんだった。

しかし、そのかわり私や功一君に向かって怒っていた。私には、なぜ母に言ってもらってくれなかったのか、功一君には、シロをなぜちゃんと見てあげていなかったのか、シロと私たちはいつも一緒だって言ったじゃないか、などと最後の方はついに堪えきれずまた声を出して泣きながら家に帰って行った。功一君は何も言えずうつむいているだけである。子供達はもうこの現実に耐えきれず、シロの住みかがあるこの神社から泣きながらそれぞれの家に向かった。

私は家に着くまでに何とか涙をぬぐい去ろうと、袖で何度も目のまわりを拭いていた。途中で洋子ちゃんの家に差しかかった時、家の中から洋子ちゃんの泣きながら叫ぶ声が聞こえた。父親にシロを助けてほしいと訴えていたのである。それを聞いたとき、私や功一君、浩君までもが、ついに泣いてしまった。

涙が止まらず、家に入るなり、私も母に懇願した。それを聞いた母は少し悲しそうな顔をして、引き取る余裕はこの家にないことを優しくかんで含めるように私に話した。

夜になると秋風も冷たく、頬をなでるその風の中で、私は更なる悲しみに打ちひしがれていた。

3

あれから二日が過ぎようとしていた。たぶんあの夜はみんなも私と同じ気持ちであっただろう。その日の昼過ぎ、私たちは示し合わせたわけでもなく神社の下の池にいる。誰も神社の境内には近づきたくはなかった。そして、しばらくみんなは、シロのことを口にすることもない。まだ、あの時のショックから立ち直っていないのだ。

私もまだそのショックを隠しきれない状態でいた。みんなが、私に気遣いを示しているのを感じる。何かと話しかけてくれるのである。それは主に夏休みの宿題が中心で、お互いの進行状況を確認し合おうとしていた。

しかしその気遣いが、より私を苦しめることとなった。思い出さずにいられなかった。後悔と責め苦に支配され、何度も心の中でつぶやいた。命の恩人であるシロを、どうして助けることが出来なかったのかと。時間が経ち、冷静に考えることが出来るようになればなるほど、苦しみは募るばかりであった。逆に、みんなが何事もなかったように振る舞っている様子を見る度、憤りさえ感じていた。しかし、すぐに自分が全て悪いんだと思い、また落ち込むことになる。

しばらく食事も取ることが出来ないほど弱り果てていた。時々貧血さえも起こしていた。そんな状況の中で、私の心にある考えが頭をもたげ、徐々に育っていた。それが何かはまだ分かっていなかったが、知らないうちにそれは増幅され、はっきりとした形になって私自身を突き動かそうとしていた。

北海道の夏休みは本州より短く、八月の二十日くらいまでだったろうか。夏休みの三日前の一日を、私たちは宿題の話やシロ以外の話で終えた。

翌日も習慣のように、私たちは神社の下の池にいた。明日で夏休みは終わり、いつものように学校が始まる。だからこそなのか、その日はみんな何かを堪えている状態で、後は誰が先に言い出すかのような雰囲気に縛られていた。やはりみんなもシロのことが気がかりなのである。自分が言い出さないと誰も言わないのではないかと、私は思い始めていた。

しばらく沈黙が続いた。ひんやりした秋風が木々を揺らしている。

私はその風の音に反応し、志願兵が一歩前に出るような形で、今まで溜めていたものを一気に吐き出すかのように、みんなに言った。

「みんなでシロを取り戻しに行こうよ」

誰が言うのか期待していた中で、みんなは私の顔を見て少し驚き、そして次第に明るい顔を取り戻していった。私の決意を込めた言い方に誰も反対する風ではない。

大体犬を殺して豚の餌にするなんてあり得ないと、冷静に考えて思い至ったのである。みんなもそのように考えていたに違いない。シロが利口な犬であることが評判になり、ゴロージいさんという人が誘拐したんだと想像した。みんなの頼るような表情を見て、自分がみんなより少し大人になった気分を私は楽しんでいた。

「でもどうやって？」

今まで沈み込んでいた洋子ちゃんが、勢いよく返事をしてきた。

「養豚場のゴロージいさんのところに行って、取り戻すんだよ」

私は、だんだん自分のテンションが上がっていく思いで、握り拳を上げながら言った。言葉も強くなっていた。

「そんなこと分かってるわ、だからどうやって、って言ってるの。それにもう豚の餌にされているかもしれないじゃない」

洋子ちゃんは少しイラつきながら、最後はまた涙ぐみながら言っていた。すかさず浩君が口を開いた。

「僕が案内してあげるよ。たぶん、シロを見つけだすことができると思うよ」

みんな意外に思った。いつも意地悪なことしか言わない浩君が、少し大人に見えてきた。みんなは、彼の肩をたたき驚きを表現した。

功一君は相変わらず冷静だ。少し興奮気味のみんなを落ちつかせるように言った。

「みんな、とにかく作戦をたてないといけないよ」

功一君の言葉で和君も元気を取り戻していた。

みんなだんだん元気になってきた。いつのまにか結束を強めている。私を無視して作戦を立てている。たぶん、まだ私に気を遣っているのだろうが、言い出したのは私なので、少しくらいは感心してほしい気持ちだった。

しかしそんなことはどうでもよく、みんなの団結にむしろ喜びを感じた。共通の目的は、シロを救出することだ。

私はみんなに助けられた思いでいた。シロに対し、ずうっと申しわけない気持ちでいたが、もうすぐそれが解決する時が来るのである。今度こそシロを安全な状態にしてあげよう、そして、母を絶対説得してみせようと思っていた。

それからみんなは持っていく物をお互いに確認し、どのようにシロを救出するか戦略を練った。戦略と言っても、ただ養豚場に向かって行くしかないのであるが、みんなは戦いに臨むような精神に満ちていた。できあがった戦略は、今にして思えばなかなかのものであった。まず、養豚場に何度も行ったことのある浩君を隊長にした。養豚場の周囲は金網で囲われ、入り口では常に大きな犬が番をしている。浩君は木に登ってシロの居場所をつきとめること。私と和君が番犬をおびき寄せて気をそらし、その隙に功一君が中に入り込む。洋子ちゃんは見張り番。浩君は養豚場のだいたいの地図を描き、みんなに配った。浩君の動きはきびきびしていて、知らず知らずのうちに、みんなは尊敬のまなざしで浩君を見た。

ここまで調べ役割を決めたのだから、もう行くしかないという気持ちでいっぱいになっていた。

決行は翌日、夏休み最終日、午後一時。シロとの思い出がつまる滝川神社の境内に集合することになった。

当日になると、昨日の勢いがいささかトーンダウンして怖じ気づいた感があったが、浩君はたのもしく気勢を上げていた。その勢いにみんな誘われ、養豚場へと向かった。養豚場までのバスはなく、プールのある公園までバスで行って、後は歩いて行くしかないのである。バスの中ではみんな沈黙を守っていた。これからのエネルギーを溜め込もうとしているかのようだ。

ついに公園に着いた。すかさず浩君が先頭に立って、みんなを誘導し始める。浩君の指示に従い、みんな元気よく歩き始めた。公園を出ると、目的の養豚場へは北に向かう真っ直ぐな道路をひたすら歩くしかないようだ。

道路はいくつもの丘を越えるように続き、上りと下りを繰り返さなくてはならない。その日だけは午後から陽が照り出し、気温も上がってきている。アスファルト道路の逃げ水がより体感温度を上げてくるようだ。

私たちは口には出さなかったが、大変な仕事を成し遂げようとしていることを実感していた。地面に映る流れる雲の影が地表の造形を浮かび上がらせ、何もない大地に延々と続いている。それは夏休みの最後を告げているかのようだった。

私達は縦一列になって、直射と輻射熱に挾まれながらアスファルトの道を歩いた。下からは熱気が立ち昇り、焼けた鉄板の上を歩いているようだ。遮る物が無いため直射日光が容赦なく照りつける。まるで背中に赤々と焼けた石炭を乗せられたように、ジリジリと皮膚が焦げていく。大地に反射する光も眩しく、下を向いて歩くしかない。周りにはうねった緑色の絨毯が広がり、人も何もなく、誰か大人にすがりたい気持ちになる。仲間五人が一緒にいるのに、孤独が支配しはじめていた。

百メートルも進んでいないのに、体から汗が噴き出す。こめかみから頬に伝って流れ出す汗は幾筋にも分かれ、首の所で一つになって胸元を濡らす。顎に伝わる汗は、滴となってアスファルト道路に落ちる。足を一歩前に進める度に、その振動にあわせて落ちてくる。目の前の丘を目指し、上ると下る、更に上ると又下りがあって上る。誰も話しかけようとはしない。

三十分ほど経って、洋子ちゃんが腹痛を訴えてきた。帽子をかぶっていなかったせいか、日射病に近い症状になったようだ。みんなは十分ほど膝に手をつき、そこで休んでいたが、私はイライラしながら言った。

「女はこれだからいやになるよな」

これは、洋子ちゃんに言ってはいけない言葉である。洋子ちゃんはいきなり立ち上がり、いつものような口調でわめきだした。

「何よ、まだ二時前でしょ、少しくらい休んだっていいじゃない。タカちゃんみたいな体力はないの。それに、いったいどのくらいかかるの、ヒロちゃん。こんなに遠いなんて聞いていないわ」

「まだそんなに歩いていないじゃないか。今日はすごく暑いから長く感じるんだよ。そうだよなコウちゃん。」

「ヒロちゃんの言う通りだよ。もうすぐ着くから。ヨウコちゃん、ここで休んでいてもいいよ。僕達だけでも大丈夫だから」

「最初から自転車にすればよかったんだ。ヨウコちゃんが持っていないからいけないんだよ。こんなことならヨウコちゃんを連れてこなければよかった」

「ヒロちゃんの意地悪。行くわよ」

確かに自転車と歩きではだいぶ違うようである。和君や浩君、功一君までもが具合の悪さを隠しきれないでいた。私も直射日光でくらくらする状態ではあったが、シロのことを考えると、鳥肌が立ち、体の中からなんだか分からないエネルギーが湧いていた。

再びみんなは歩き出した。それでも、やはり参っているのか、足取りが重い。時々、上空に雲がかかると少し暑さが和らぐ。気を取り直し速度を上げるのだが、雲が去り太陽が出てくると、また背中を熱く焼く。その繰り返しが延々と続くのかと思われた。

私は知らないうちに先頭を歩いていた。みんなのことは少し気にはなったが、自分一人でも行く覚悟を決め、とにかく養豚場に行けばなんとかなる、と心の中で繰り返しながら突き進んだ。

黙々と歩く。休んでから十分も経たないのに、変化のない景色のせいか、もう一時間も歩いた気分であった。

期待を持って丘を上り、何もそこにないことが分かると、溜息をつきながら下る。再度期待を持って上る。今度こそはと思うが裏切られる。その繰り返しに、疲労感より、むしろ思考能力の方が弱り始めていた。体だけが無意識に前へと進んでいる。

そんな私とは反対に、みんなはかなり憔悴していた。照りつける太陽が一段と地面を焼き、照り返しと沸き上がる熱で、砂漠の中を歩いているようだった。気温三十度は超えていたのではないか。

後ろを振り返る度に、少しずつ距離があき、逃げ水に揺れる彼らの姿は、彼らの疲労そのものを示しているかのようだ。私も次第にお腹の奥の方からなにか苦いものがこみ上げてくるような気がして、体調の変化に気づきはじめていた。深川市近くまで来ているような気がしていた。

私は、ふと思った。自分だけがシロのことを思うあまり、みんなをこのような状況に巻き込んだのではないかと。自分のわがままがみんなをこうさせたのではないか。空知川の事件についても、今回の件についても、自分のわがままからみんなに迷惑をかけてしまっている。申しわけなく思いながら、どうしたらみんなを解放してあげられるのか、苦しみだした。みんなに詫び、一人で行くことを決心していた。

目の前の丘を上りきった時、そんな私の迷いを吹き払うかのように、ようやく養豚場らしき屋根が見えてきた。

ここまで来たら一蓮托生の思いに至り、覚悟を決めた。

「ヒロちゃん、あれが養豚場？」

ついに発見した喜びで、私は気分の悪さを押し殺して叫んだ。だいぶ後ろにいたみんなも小走りに寄ってくると、私が指さす方向を見て安堵の表情を浮かべた。

「そうだよ、あれが養豚場だ。こんなに遠かったっけ、コウちゃん」

「こんなもんだよ。今日は暑いから結構きつかったな。さあ、地図を見て、入り口の位置を確認しよう」

4

養豚場はなだらかな坂を下った東側の平地にあり、周りには牧草地が拡がっている。道路から右に入る道を百メートルほど行った所に入り口らしき門が見える。ここまで来ると道路は舗装されておらず、時折吹く風に巻き上げられた道の土埃が養豚場に吹きつけている。入り口付近に赤いトタン屋根の小屋があった。

私たちは道路からその養豚場を正面に見据えていた。赤いトタン屋根の小屋は牛舎ほど大きくはない。近づくにつれて木の柵の間から豚の姿が見えてくる。これは養豚場ではなく、浩君が言うように豚小屋である。

牛舎とはまた違う臭いがたちこめ、周りはところどころぬかるんでいる。あまり衛生的な感じはしない。入り口から右側にかけて豚小屋を取り囲むように一メートルくらいの高さの金網が張りめぐらされている。その金網のすぐ横に一本の大きな木が立っていた。確かにそれに登れば、全体を見渡すことが出来そうである。左側は牧草地になっており、遮るものがない。

門の正面の奥の方に一階建ての木造の母屋が見えるが、豚小屋とあまり変わらない外観だ。

ゴロージいさんのイメージと符合するものがある。赤茶けた色のペンキで塗られているが、ところどころ剥がれて木肌が見えていた。二重ドアの外側の扉は、半分開いている。人の気配は感じられない。番犬もどこにいるのか分からない。私たちは、幼い騎士がついに魔物の住みかを見つけ、囚われの友を救い出す聖戦が始まるような思いだった。それとも、ＯＫ牧場の決闘か。

入り口に近づくにつれ、歩く速度が遅くなり、話す声も小さくなった。私達は門の横にある茂みに隠れるようにしゃがみ込む。この時点からリーダーになった功一君は、みんなに段取りを説明し始めた。

「番犬の姿が見えないから作戦を少し変更しよう」

耳をそば立てないと聞き取りにくいほどの小さい声だ。更に続ける。

「まず、予定通りヒロちゃんがあの木に登って、シロがいるかどうか見てくれ」

「木登りは僕に任して。前も登ったし、あそこから石を投げたら、ゴロージいさんが家から棍棒持って飛び出してきたんだ。すごかったよ」

少し声が大きかったと見えて、功一君は人差し指を口にあてた。それでも浩君は面白がっている。

「シロがいたらその場所を指さして教えてくれ。いなかったら手でバツの合図だ。僕とタカちゃんが家の裏に行ってみるから。ヒロちゃんはしばらく木の上にいて見張っててくれ。家から人が出てきたら、この笛を吹くんだ。いいかい」

「分かったよ、石ころも持っていくよ。何かあったら上からぶつけてやるんだ」

「僕は、何してるの。」

「カズちゃんとヨウコちゃんは、入り口で見張ってて。外から誰か来るかも知れないから」

「来たらどうすんのよ」

「来たら、ヒロちゃんのところに行って教えるんだよ。そしてヒロちゃんが笛を吹く。それくらい分からないのかよ。女はいやんなっちゃうな」

私はわくわくする気持ちを抑えきれず、思わず洋子ちゃんに言ってはいけないことをまた言ってしまった。

「何よ」

「バカ、よせよこんなところで。仲良くやろうよ」

功一君は先生のように、私達を叱りつけた。そして指示した。

「みんなここに荷物を置くから、カズちゃん、ヨウコちゃんが見ててくれ。じゃ行動開始だ」

功一君のまるで『コンバット』のサンダース軍曹のような振る舞いに私は痺れた。頼もしかった。この人についていけば、何も恐いものはない気がした。

これから何が始まるのか見当はつかなかったが、シロを取り戻すことを考えると、体中のアドレナリンが沸き上がる感覚を覚えた。

浩君は機敏に行動し木に登り始めている。私たちはその様子をじっと見守り、シロを発見してくれることを祈った。浩君は造作なく登り、真ん中辺りの太い枝にまたがるようにして座った。しばらく周囲を見渡している。なんの反応もない浩君を見て、じらしているのかと思うほど、みんなはイライラしていた。

どのくらい経ったか、浩君は首を横に振っていた。それで充分分かったのだが、決めた合図を忘れたことに、功一君は腹立たしい顔をしながら自分でバツのサインを浩君に送って確認した。浩君もあわてて両手でバツを作り、首を縦に何回も振っている。

「タカちゃん、それじゃ行こう。僕は家の右側を見る。タカちゃんは左側だ。もしかしたら、シロは家の裏にいるかもしれないと僕は思っているんだ。前に来た時、確か大きな犬が裏から出てきたみたいだった。もしかしたらそこにシロが繋がれているのかも知れない」

「うん、僕もそんな気がするよ」

「カズちゃん、ヨウコちゃん見張りを頼むよ」

「分かったわ、がんばってね」

私と功一君は中腰になりながら、ゆっくり家の玄関に向かって歩き出した。十メートル手前まで来て、二人は左右に分かれる。

5

そんな私たちの後ろ姿を、和君と洋子ちゃんは心配そうに見ていたようだ。今まで口数の少なかった和君が、洋子ちゃんに小声で話しかける。

「みんな勇気あるな、僕にはできないよ、恐がりだし」

「そうね、カズちゃんて恐がりだもんね」

「そうなんだ、いやになっちゃうよ。どうしてなのかなあ。特に暗いところがいやなんだ。ヨウコちゃんは、暗いところは恐くないの？」

「恐くないって言ったら、嘘になるかな。本当言うと、私だって恐がりなのよ。今もとっても恐いよ。暗いところだって恐い。お化けだって恐いわ」

「本当？　恐いものなしだと思っていたよ。肝試しだって平気じゃないか」

「そんなことないよ。みんなに臆病だと思われたくないから、意地張るしかないじゃない」

「それは臆病ではないことでしょ？　僕は意地張ってもそんなことは出来ないよ」

「良くわかんないけど、弱いところ見せちゃいけないって思うと出来ちゃうみたい。でもその後ガタガタ震えてるのよ。カズちゃんより恐がっているかもしれないわよ」

「いいな、そういうのって。それが出来たら、僕ももう少しみんなから馬鹿にされなくてすむのにな。それにヨウコちゃんみたいに、言いたいこと言えるようになりたいなあ」

「悪かったわね。でも恐いから怒っちゃうの。恐いから、言いたいこと言っちゃうの」

「そういうもんなの」

「そうよ。でも、言い過ぎたかなあって思うこともあるのよ」

「え、知らなかったな」

「特に、タカちゃんと話してるとそう思うことがあるのよ」

「なんで？」

「わかんないけど、タカちゃんと話していると頭きちゃうのよ。だから言い返すでしょ？　そうすると、タカちゃん何も言わなくなるの。その後、私何も言えなくなるでしょ？　何か言い過ぎたかなって思っちゃうのよね」

「へえ、そうなんだ」

「カズちゃん、そう思わない？」

「僕は、コウちゃんにもタカちゃんにも、思ったことが言えないんだ。ヒロちゃんには少し言える気がするけど」

「どうしてか、私わかんない。同じ男同士じゃない？」

「僕もわかんない。恐くて何も言えないんだ」

「でも私には言えるのはなぜ？」

「僕はね、実はみんなが言っているようにヨウコちゃんを恐いと思っていないんだ」

「そうなの？」

「そうだよ。可愛いと思うよ」

「ありがとう。でもね、恐がりって悪いことだとは思わないわ」

「どうして」

「恐いってことは自分の身を守ることだって、いつかお父さんが言ってたんだ。恐さを知らないのは無知なことだって」

「じゃ、コウちゃんやタカちゃんは無知なの」

「そうじゃないわ、コウちゃんやタカちゃんだって恐いものはあるはずよ。みんなそれぞれ違うのよ。カズちゃんは、幽霊が恐いっていうだけで、全てが恐いことはないと思うの。それにさっき言ってたじゃない、私のことは恐くはないって。みんな恐いって言うのに、カズちゃんはそうじゃないんでしょ。全てが恐いと思い込んでいるだけじゃないの？　私は、そう思い込む方が恐いことだと思うわ」

「よくわかんないな」

「いい？　恐いとそれに近づかなくて済むでしょ？　危ないことから身を守れるのよ」

「なんか、格好悪いな」

「何よ、何も格好悪いことはないわ。そのせいで死ななくて済むのよ。恐いことを知るというのはね、勇気がいることなのよ。先生が、言っていたじゃない？　登山をする人に必要なのは、危ない時戻る勇気だって。恐さを知らないでそのまま進んだら、死んでしまうのよ。進む勇気より、戻ることの勇気の方が、何倍も価値があるんだって。

　カズちゃんは、恐がりということをみんなに知られたからって小さくなることはないわ。自信を持って恐いと言えばいいのよ。その勇気の方が価値あることなのよ」

「そうか、何か元気が出てきたな」

「そうよ、それにカズちゃんは、コウちゃんやタカちゃん、ヒロちゃん達にはない優しさがあるじゃない。みんないろいろあるじゃない。コウちゃんは冷静でお兄さんみたいなところがあるけど、ときどき冷たく感じるわ。ヒロちゃんは面白いけど意地悪なところがあるし。タカちゃんだって、ああ見えても意地っぱりなところがあるでしょ」

「ヨウコちゃんて、すごいな。いろいろ見ているんだ」

「そんなことないよ、それに本当は、私ももっと女の子らしくしなくちゃいけないなって思うともあるのよ」

の。お母さんによく言われてるのよ。でも、誰のために女の子らしくするのかって、考えるこ

「ヨウコちゃんは、女の子らしいと思うよ」

「そう、ありがとう」

「ヨウコちゃんは大きくなったら何になりたいの？」

「私ね、大きくなったら、スチュワーデスになるんだ。素敵だと思わない？」

「へえ、すごいね。スチュワーデスって何するの」

「飛行機に乗って、お客さん達の安全を守るのよ」

「僕、飛行機、乗ったことないや。」

「私もないわよ。でもスチュワーデスになったら毎日乗れるんだ。そしたらカズちゃんも乗せてあげるね」

「あ、嬉しいな」

「カズちゃんは大きくなったら何になるの」

「わかんないよ」

「何か好きなことないの」

「う〜ん、思いつかないな。勉強もそんなにできないし。なんのとりえもないからな」

「勉強は、何が一番できるの」

「一学期の通信簿なんか、オール3だったよ。タカちゃんと比べっこしたんだけど、タカちゃんは、図画工作が5だったんだ。それ以外は僕と同じなんだけど」

「そうねタカちゃん、絵描くのうまいもんね。絵描きになりたいって言ってたね」

「僕は、そういうのがないんだよな」

「今に見つかるわ。そう思っていた方がいいわ」

「どういうこと?」

「大器晩成っていう言葉知ってる」

「知らない、どういう意味」

「お父さんが言っていたんだけど、大きい器の人は、年をとってから成功するんだって」

「え?　おじいさんになってから成功してもつまんないよ」

「私もそう思って、お父さんに言ったんだ。でも、おじいさんではないけど、その人にあった年齢って言っていたわ」

「何か難しいな」

「私もそれ以上のことは分からないけど、カズちゃんは自分はその大器晩成だと思っていればいいんじゃない。そしていつかは、やりたいことが見つかってみんなを感心させるの」

「うん、そう思うことにするよ。でもこうやって話してみて良かったよ。今日は、いろいろ体験できて良かったって思うよ」

「実は、私もそう思っているんだ」

「僕、タカちゃんがすごく悲しんでいたから、ここに来る気になったんだ」

「私もそうよ」

「あんなに泣いたタカちゃんを見たことがないよ」

「そうね、私もびっくりしたわ。目を怪我した時も泣かなかったのにね」

「そうだよ、僕だったら泣いていたよ。それをすごく我慢していたんだ。あんなに血だらけになっていたのに。すごいなって思ったよ。でも、シロを本当に助け出すことが出来るのかなあ。タカちゃん、大丈夫かな」

「タカちゃんがシロを助けたいって言った時、私は少しタカちゃんを見直した気がするの」

「僕もすごいと思ったよ」

「コウちゃんは、タカちゃんの気持ちを分かってここまで頑張ってきたんだわ。」

「二人は、いい組み合わせだよね」

「いい組み合わせだわ。実は、私少し焼いていたんだ」

「え、どういうこと?」

「う〜ん、どう言ったらいいのかな。コウちゃんてタカちゃんのお兄さんみたいに振る舞っているでしょ。なんか、タカちゃんにはすごく優しい気がするの。だからといって、私にも優しくして欲しいと思っているわけじゃないのよ。そうじゃなくて、コウちゃんは、私に優しくする時は私を女の子として見ているの。タカちゃんに対してとは、違うのよ。そんな関係がうらめしく思ったりするみたい」

「えー、意外だな。僕はそんな風に感じたこと無かったけど、でも、コウちゃんの言うことを聞いていれば間違いないと思っているよ」

「そうなのよ、コウちゃんにはかなわないのよ。認めるしかないのよ。そんなコウちゃんがタカちゃんを気遣っているのが、私には分からないの」

「なんか、ヨウコちゃんて面白いな」

「今日はしゃべりすぎたかな」

「そんなことないよ。シロと出会うまで、僕たちみんなこんな風に話したことなかったよね」

「そういえばそうね。シロと出会ってから、私達急によく会うようになったものね。シロのおかげで、みんなのことが良く分かるようになったわ」

「そうだよね、それは僕も良く分かるよ。コウちゃんがあんなに熱心になるとは思わなかったよ。それにタカちゃんて、結構意地っぱりでやきもちやきだってことも」

「あ、そうそう、そうよね」

「面白いね」

「シロが鏡みたいになっているのかしら」

「きっとそうだよ」

「でもシロ本当にいるかしら、まさか豚の餌に……」

「大丈夫だよ。誰かのデマだと思うよ」

「その調子よ、前だったら泣いていたでしょ」

その時、二人の会話を中断するように、笛の音が鳴り響いた。それはこれから始まる戦いの号令のようであった。

6

功一君と別れてから、私は家の左側の軒下を歩いていた。日陰であったため涼しく、汗が引いていくのを感じた。足元にはわけの分からないガラクタがたくさん散らばっており、思うように進まない。物音をたてると気づかれると思い、足元にある木切れや空き缶、瓶などを手でよけながら進む。それでも瓶と缶の当たる音がすると、息を止めしゃがみながら、感づかれていないか耳を澄ます。大丈夫だ。その格好で更に進む。なんとか真ん中あたりまで到達できた。しゃがみながら進んでいる時、何故だか、ふと上を見上げた。その瞬間、見上げたことを激しく後悔した。蜘蛛の巣があったのである。屋根と壁にかかったいくつかの蜘蛛の巣が見える。巣の大きさからみてそこに棲む蜘蛛の凶暴さを感じたが、目を離すことが出来ない。体が硬直し、前へ進めない。ちょうど私の真上にあり、自分の顔めがけて蜘蛛が襲いかかるのではないかと、恐怖心に縮み上がっていた。

しかし、その巣には蜘蛛は見あたらなかった。それがかえっていけない。見えない悪魔に何処からか見られているような気がする。隙あらば、と隠れているに違いない。思いもよらないところから、突然、現れるのだ。恐怖で動くことも出来ない。もしかして、既に背中に取り付いているのではないか。そう思うと、全身に鳥肌が立つ。駄目だ、もう動けない。小刻みに体が震えている。渇いた口の中の唾をぐいっと飲み込む。

こんなことで怯えていてはならないと、理性を強く働かせた。シロが待っているのだ、と思うようにした。シロも身を犠牲にして自分を助けてくれたことを思い出しながら、そして上をそのまま見上げながら、やっとの思いで足を前に出すことが出来た。それから気がついて、あわてて地面に転がるガラクタを避けながらはいつくばった。出来れば、『コンバット』のリトルジョンのように匍匐《ほふく》前進をしたかったが、そんな格好の良いものではなかったのだ。ようやく家の裏側までたどり着いた。ゆっくりと顔を覗かせる。

それまで日陰にいたためか、強い西日で目が眩む。西日の中に、何か生き物のようなシルエットが見えたが、それは例の番犬のシェパードのようであった。確かに大きく凶暴そうに見えたが、その犬の向こう側に白い尻尾が見えた。大きな体が邪魔し、全体を見ることはできなかったが、それはシロに間違いないと確信した。

その向こうからこちらを見ている功一君の姿に気づいた。この先の段取りは聞いていなかったため、この後どうするのかと、私はしばらく功一君を見つめていた。すると功一君は私を見ながら口に人差し指を当てて、ゆっくりとシロのほうに近づこうとしている。

その時であった。シェパードが私たちの気配に気づき、すっくと立ち上がったかと思うと同時に耳をつんざくような勢いで吠え出したのだ。次の瞬間、その吠え声を縫うようにして、笛の高く鳴り響く音がした。浩君が危険を知らせる合図であった。

それから一度に何もかもが起こり、事態はまさしく戦いにふさわしいものになっていくのである。

更に笛の音と共に、表からゴロージいさんと思われる声が聞こえてきた。

「こらーッ」

「逃げろーッ！」

浩君の声だ。

その声でシェパードはますますけたたましく吠え出し、功一君の方へ向かった。しかし鎖に繋がれているせいで、功一君にはとどかない。シェパードは私の方にも向かってくる。その間もゴロージいさんの地獄の鬼のような声が聞こえる。ここはひとまず退散するしかないと私たちは判断し、というよりもう恐怖心で何も考えずにその場から走り出していた。

家の表に行くと、そこに棍棒を右手に持ち門に向かって走っている大男が見えた。ゴロージいさんなのだろうか。だがじいさんと呼ばれるほど年寄りには見えなかった。じいさんの子供なのだろうか。その時、逃げる和君と洋子ちゃんの姿が見えた。やばい、と思った時は既に遅く、洋子ちゃんはその大男に捕まった。

「助けてー」

恐怖のあまり泣きじゃくりながら叫ぶ洋子ちゃんの声に、男の子達はすくみ上がった。大男は洋子ちゃんを左腕に抱きかかえながら和君を追いかける。和君はもう真っ青な顔をして泣きながら逃げまどっている。

「この盗人のガキャロー」

今までにまったく経験したことのない光景で、功一君も私も泣き出す余裕すらなかったと思う。

「タカちゃん、石を投げるんだ」

「ヨウコちゃんにあたっちゃうよ」

「大丈夫だよ、こちらに気づかせるんだ、カズちゃんを救うんだ」

私と功一君は地面の石を拾い、大男に向かって投げた。すると上の方からも石が飛んできた。浩君が投げた石だ。コントロール良く大男の背中に的中。大男はたまらず悲鳴をあげこちらを振り返る。初めて見る大男の顔、浩君が言っていたように顔中黒い髭だらけだ。頭髪も黒く巻き上がっている。顔は浅黒く鼻や頬は赤い。こちらに気づくと、黄色い歯をむき出し、棍棒を上に振りかざして向かってきた。その様は、まさしく鬼そのもののように子供達には見えた。

「タカちゃん、助けてー」

洋子ちゃんは苦しいのか、顔中真っ赤に腫れたようになっている。

「カズちゃん、逃げるんだ」

功一君はそう叫びながら、ゴローじいさんの左側に逃げ込む。私は右側に逃げる。浩君はずっと笛を吹きながら枝を大きく揺らしている。大男が功一君の方に向き直り、棍棒を持った手で捕まえようとしている。

養豚場は一瞬にして地獄のような戦場と化した。シェパードのやむことのない吠え声、交通整理のようにヒステリックに吹く浩君の笛の音、子供達の叫び声ともならない悲鳴、このまま生きて帰れるのだろうかと思うほどだ。

大男が功一君に飛びつく。私はためらわず背後から大男の左足首に抱きついた。頭を殴られないように、うずくまるようにしてだ。汗臭くヤニのような臭いがした。そのまま数メートル引きずられ、止めることができない。土埃が舞い上がる。大男は右手で熊のように功一君を突き倒した。同時に、大男は右足の踵を、私の脇腹めがけて強く蹴り出した。激しい痛みの中、目を開けることもできなかった。上の方から洋子ちゃんの泣き叫ぶ声がしている。攻防はしばらく続く。

洋子ちゃんはもう叫ぶことが出来ず、大男に抱きかかえられたまま、手足をバタつかせながら唸るしかない。

激痛の中、私は大男の足を放そうとしたが、大男の爪先が私の服の左袖に食い込み、地面に押さえつけられて離れることができない。更に、舞い上がる土埃が目や鼻、口にまで入り込み、見ることも呼吸することもできず、ただ喘いでいた。そうこうしているうちに、私の耳元に、棒が風を切って振り下ろされる音がした。もう駄目かと思ったその時、土埃の中、倒れこんでいた功一君がかすかに見えた。彼は右手に触った地面の砂を、大男の顔面めがけて投げつけていた。うまくいった。大男の目に砂が入ったようだ。男はたまらず両手で顔を押さえ、膝をついた。洋子ちゃんがどさっとお尻から地面に落ちた。

私は袖に食い込んでいた大男の足を素早くはずし、洋子ちゃんの手を引っ張って大男から引き離した。

大男は少しの間うずくまったが、すぐさま地の底から響きわたるような声ともつかない音を発しながら立ち上がり、今にも功一君につかみかかろうとしている。

私は肩で呼吸しながらようやく立ち上がることが出来た洋子ちゃんの背中を押して、とにかく逃げろと言った。洋子ちゃんは国道に向かって走り出した。それを見送ってから振り返ると、今度は功一君が捕まった。首根っこを押さえられ、宙づりの状態になっている。あまりの恐怖で、私は体が震えていた。そんな私を見た功一君が、

「タカちゃん、逃げるんだ」

と、苦しみながら精いっぱいの声を出した。

私はそんな功一君の犠牲的精神に感動した。

そして、地面にあった握り拳大ぐらいの石を拾い、大男に向かって思いっきり投げた。その時の私は、巨人ゴリアテに立ち向かうダビデのような気持ちであった。

石は大きな弧を描き、大男の左こめかみあたりに命中する。これはかなり効いたようだ。大男は今までにない叫び声をあげ、膝から崩れた。功一君は背中から落ちた。頭を押さえた大男の手の下から、血が滴り落ちるのが見える。

私も功一君も動けずにいる。今度こそ本気で大男を怒らせてしまったのだろうか。大男の怒りがとうとうピークを迎えたと直感し、今まで以上の恐怖心でいっぱいになった。大男はゆっくり立ち上がりながら、流れだした血を見ている。目を大きく見開き、石を投げた犯人である私を睨みつけた。顔半分を血で赤く染めたその様は、まさしく赤鬼そのものであった。蛇に睨まれたネズミのように、逃げることも忘れるほどで、夢に出てきてうなされそうである。しかし、それは生きていればのこと、私は本当に殺されると思った。何秒、何分過ぎたかは分からない。大男が反撃に出ようと、大きく胸を膨らませ息を吸い込み始めた。

その時、何か切り裂くような音と同時にドンという落ちる音がした。

大男も二人もそちらを見た。

「わー、きたねー」

浩君が登っていた木の枝が折れ、金網を越え豚小屋の横の豚の糞が混ざったぬかるみに落ちたのだ。緊張が一瞬ほぐれ、笑い出したくなったが、大男の恐ろしい言葉で更に緊張は高まった。

「このガキ、よくも大事にしている俺のご神木を折りやがったな。殺してやる」

「ヒロちゃん、早く逃げるんだ」

功一君は、我に返ったように大声で叫んだ。

大男は今度は浩君に向かう。豚の糞にまみれて呆然としていた浩君は改めて大男を見、ぬかるみに足を取られながらも逃げた。

「みんな逃げるんだ、ゴローじいだ」

浩君がそう叫んだのでこの大男がやっとゴローじいさんであることが分かった。

みんなは門をぬけ、ただひたすら国道へ向かって脇見もせずに走った。私達はほとんど正気を失い、走っていても足が空回りしているようだった。それでも後ろからゴローじいさんの怒鳴り散らしている声が迫って来るように聞こえる。

私は功一君、浩君と一緒になって走った。すると、国道付近で洋子ちゃんがへたり込んでいるところに追いついた。彼女を叱責しながら思いっきり手を握り引っ張った。

その時の私の気持ちは、『三銃士』のダルタニアンの気持ちに変わっていた。洋子ちゃんを引っ張りながら後ろを振り返ると、大男の姿が見えない。少し走る速度を落とすと、洋子ちゃんは、泣き腫らした目をこすりながら私の肩にしがみついた。恐怖でこれ以上泣くことが出来ないのだろう。

みんなももう大丈夫だろうと、走るのはやめた。ぜいぜいと肩で呼吸をする。喉も痛い。もう走ることは出来ない。心臓の鼓動がこめかみを打つ。

気が付くと、四人は養豚場から三百メートルほど離れた場所にいたが、和君の姿が見えなかった。

ところが休んでいる暇はなかった。

「こらー、逃がさんぞー」

「また、ゴロージいだー」

浩君は、何故だか笑いながら叫んだ。

「とにかくいっぱい逃げるんだ」

功一君の合図を聞く間もなく、私達は来た道を滝川方面に全力でまた走った。私は洋子ちゃんの手を引っ張り、引きずるようにして走っている。後ろを見ると、なんとあのシェパードが追いかけて来るではないか。その後ろから棍棒を持ったゴロージいさんが勢いよく走ってくる。すごい勢いだ。まるで東京オリンピックで百メートルを走るスミス選手が鬼になったような走り方だ。このあいだは、山姥、今度は赤鬼か、などと思うと少し笑いたくなったが、恐怖とおかしさがごっちゃになった今の自分を分析する余裕はなかった。

「コウちゃん、あの犬が追いかけてくるよ」

私はみんなに知らせた。

「怖いよー、俺達死んじゃうー。おらは、死んじまっただー、おらは、死んじまっただー」

浩君はこんな状態でもまだ何かふざけた感じだ。

みんなは本当に死にもの狂いで走った。犬に咬みつかれた時のことを想像すると、更に速く走れた。この状態で運動会に出たら、誰もが一等賞をもらうのではないかという速さだ。私は洋子ちゃんの手がちぎれてもいいくらいに引っ張っている。あんな悲惨な目に二度とあわせたくなかったからだ。先頭を走っているのは浩君。足の速さでは功一君なのだが、こちらを気にしてか振り返りながら走っている。

すると、今までこの道路を全く通ることのなかった一台の車とすれ違った。私達が逃げてきた道をそのまま養豚場に向かっているようだ。気になって車の行く先を見ていたが、その車はゴロージいさんの前で止まった。これで時間稼ぎが出来ると思った。

かなりの距離を走っただろう。一つの丘を越え養豚場が見えなくなった頃、国道の脇のわずかな窪地から誰かが手を振っているのが見えた。和君だった。

「おおい、みんなここ隠れられるよ」

和君は少しびくついていたが、みんなが戻って来るのを待ちかねていたようだった。後ろを見ても、今のところシェパードやゴロージいさんは見えない。とにかく見つからないように、和君が見つけた窪地で一旦休むことにした。

すると、なんとそこにはみんなの荷物がかためて置いてあったのである。和君が逃げる時、持ってきてくれたのだ。和くんは恐怖の中でも、状況を判断できるようになっていた。

時々、窪地から顔を出して、功一君は様子をうかがっていたが、十分もすると、功一君はもう大丈夫だ、と言った。みんなの息が整い、体の熱も冷め、落ちつきを取り戻した時、洋子ちゃんが、堪えきれないように大声で泣き出した。男の子達も悔しさで涙ぐんでいた。

7

もう四時近くになっているのではないだろうか。功一君が早くここから出ようと言いだした。まだゴロージいさんがこの辺にいるのではないかと思ったからである。みんなも長くここにはいたくはなかった。シロのことを忘れているわけではない。あのような状況ではどうすることもできないことがわかっていた。

窪地から出て、みんな足を引きずるように歩いている。三十分ほど歩くと、前方に大きな一本の木が見えてきた。みんなは無言のまま、その木の下で休むことにした。

誰もが言い出せないでいたが、ついに洋子ちゃんが苦しみを訴えてきた。

「私、もう歩けない。具合が悪いの、ごめんなさい」

無理もない、あんな目にあったのだから。男の子達はそんな彼女をいたわった。洋子ちゃんの女の子っぽい一面を見せられたような気がする。すると、みんなも一気に気が抜けたのか、木陰にへたりこんだ。私も木陰に横になったが、体中のあちこちに痛みを感じ始めた。和君はとうとう吐いてしまい、功一君が背中をさすってやっていた。

しばらくの時間が過ぎ、みんな無言でいたが、功一君が静かに言った。

「もうやめよう、無理だよ」

私もそう言えたら良かった。無理なのは分かっていたが、どこかでまた意地を張っていたためか、自分の体調を押し殺しながら反論した。

「コウちゃんらしくないよ。どうしてやめるんだよ」

「僕たちの力では、無理だよ」

「僕は、諦めない、このままだとシロはどうなっちゃうか知らないよ。みんな休んでいいよ、僕一人ででも行くから」

私は本当にもう一度行く気なのかどうか、自分でも分からずに言っている。ただ功一君より強い自分を見せたかっただけなのかも知れない。

するとと功一君は自分が弱虫と言われたと思ったのか、私ほどではないが、むきになって言い返してきた。

「誰も諦めるって言ってないよ。ここで少し休まないといけないし、バスも無くなるだろう。今日は一旦帰って、出直せばいいじゃないか」

確かに功一君の言う通りかも知れない。それでも私は言い出した手前か、それとも初めて功一君に言い返すことに意味を感じていたのか、更に続けた。

「明日から学校なんだ、そんな時間はないよ。どうしたんだ、みんなシロがかわいそうじゃないのか」

浩君が私の意地を見すかしたように言い出した。

「コウちゃんが言うように、僕達、無理だったんだ。それにあのゴローじいさんが犬を豚の餌にしているのも、嘘かも知れない」

そこにはいつものような意地悪さはなかった。

確かに浩君が言うとおり、そんなことはないかも知れない。シェパードと一緒に繋がれているのを見て、番犬として飼おうとしてるのだと、私も自分なりに言い聞かせようとしていた。

浩君の言葉で一人我を張っていた自分が小さく見え、私は何も言えなくなり、冷静に考えようとした。みんなも辛いのだと。しかし、まだシロのことが諦められずにいた私は、徐々に冷静になりながら、決意をこめてみんなに言った。

「僕はみんなに謝らないといけない。僕のためにみんなついてきてくれたんだ。この間、空知川で怪我した時も、シロやみんなに救われた。でも、どこかで意地を張っていて、僕は素直にみんなの心配を受け入れることが出来なかった。今回もそうだ。僕が悲しんでいるのを見てみんな頑張ってくれたんだということに、自分は、甘えていたような気がする。もう、みんな大丈夫だよ。僕のために頑張らなくても。後は本当に僕一人でやるよ。これ以上、みんなを辛い目にあわせたくないから。シロの居場所は分かったから大丈夫さ。みんな、帰っていいよ。本当さ」

功一君は、微かに笑いながらゆっくりと話し出した。

「タカちゃん、それは違うよ。僕たちは、タカちゃんのために今回このことをしたんじゃないよ。そりゃ、シロを助け出すことが目的だけど、違うんだよ。実は、みんな自分のためにやったんだよ。タカちゃんだって、シロのためと言っても、自分のためじゃないかと思う。それは、悪いことじゃない、いいことじゃないか。シロを救うということで、自分が何処まで出来るかを、やってみたんだ。みんな、充分やったと思う。

タカちゃんの気持ちは分かるよ。僕たちもシロが好きだし、助けたいさ。特にタカちゃんはシロに対して特別な思いがあると思うよ。でも、タカちゃんも見たよね。シロが普通に繋がれているのを。どう見たって、殺すとは思えないよ。番犬として繋がれているんだよ。シロは、利口な犬だからきっと評判になっていて、それでゴロージいさんがもらっていったんだと思うよ。この方が良かったんじゃないかなあ。神社にずうっとああしておくのも無理だよ。

忘れようよ、タカちゃん。僕たちはこんな経験なんてしたことがない。これから先、無いかもしれない。みんなで団結して、一つのことをやるなんて今までにないことだよ。そういう意味でも、みんな自分のためなんだよ。頑張ったよ。タカちゃんもすごく頑張ったじゃないか。

もう駄目かと思ったら、タカちゃん、思いっきりあの大きな石をゴロージいさんに投げたじゃないか。あの時、逃げても良かったんだよ。シロをきっかけに僕たち誰もできないことを出来た気がするんだ。これは、自慢していいことじゃないかな。

タカちゃんもさっき言っていたじゃないか。意地を張っていたって。もう意地を張るのはやめよう。意地張りすぎると、それはもうシロのためでも自分のためでもないような気がするよ。僕は、そんな感じがするよ」

私は功一君の話を十分理解できた。まだ、どこかで悔しさがこみ上げてきているが、功一君や浩君が私の肩を優しくたたいたとき、涙が止まらなかった。

そのまま時間が過ぎ、地面を見つめながら言い出した洋子ちゃんの言葉で、本当に諦めざるを得ないことを、私は悟った。

「でも頑張ったわ」

洋子ちゃんは優しく続けた。

「みんなでこんなに一緒になって頑張ったことってなかったわよね。私たち、いい友達になったのよ」

また沈黙し、そして、

「そうだよ、僕たちいい友達になったんだ」

と和君。今まで言い出したくてじりじりしていたかのように急に興奮して続けた。

「さっき門の所で、コウちゃんとタカちゃんを待っている時、ヨウコちゃんと話したんだ。シロのおかげで、僕たち、以前よりよく会うようになったし、いろいろなことが出来た。それにいろいろ話せるようにもなった。シロを通して、お互いを理解出来るようになったんだ。今回もコウちゃんが言うように、僕もシロを助けたかったし、タカちゃんを見ていると何とかしなきゃって思ったけど、僕にはすごくいい体験だったんだよ。

そうなんだ、このまま進む勇気より、途中で引き返す勇気の方が何倍も価値があるんだよ。タカちゃん、勇気を出そうよ。シロは神社にいるより、養豚場で番犬している方がいいかもしれない。それでいいんだ。むしろ、僕たちが変われたことの方が、大事なことなんだ。それに、僕はシロのおかげで、恐がりを治すことができるような気になってきたんだ。これって、すごいことなんだ」

大きい目を潤ませながら、興奮してしゃべっていた。いつもの和君ではないような気がする。

「そうだわ、私ももう少し女の子らしくするわ」

「僕も、意地悪なことは言わないよ」

「僕は、シロのおかげで、友達がどんな存在か、教えてもらった気がする。シロは僕たちを裏切らなかった。僕たちを優しく見守っていてくれた」

功一君は私に向かって言っていた。

私も同じ意見であった。

「そうかも知れない、僕もシロに教わった気がする。優しさや勇気を。それに、人をねたんではいけない、素直な気持ちでいること、人を信じること、自然を大切にすること」

そう言い合うことで、私も含めみんなはなにかの罪を許された気持ちでいっぱいになった。仕方のないことなのだと言い聞かせるしかなく、シロを救出できなかったことに対する罪悪感を子供なりに受け入れようとしていた。当然、悲しみは消えない。

「でも、シロ、かわいそう。あそこで飼われるのはシロがかわいそうな気がするな。シロにはもう会えないのかしら」

洋子ちゃんは鼻をすすりながら、小さな声で言った。

彼女のその言葉で、みんなはやはり寂しそうだった。シロの思い出に浸りながらしばらく子供らしく泣き続けた。その泣き声も、次第に虫達の鳴き声に消されていった。

太陽が少しずつ西に傾き始め、秋風が子供達を見守る木陰に吹き、泣き疲れた子供達はひととき悲しみを忘れ、虫達の鳴く声を子守歌代わりに眠っていた。

虫達が新しい季節への生命を繋ぐため、今年最後の合唱をしている。今、このとき生命が消えようとも、それを受け継ぐ生命が次世代へ向けて宿される。太陽に守られ、大地に育まれ、永遠に繰り返される。

子供達は、今、母の体内にいるときのような鼓動を感じている。微生物のような小さな命が次第に形をなしていく様を見ているかのように。

まさにそれがこの地に起ころうとしていた。ゆらゆらと漂うアスファルトの上の逃げ水の中に、母親の胎内の羊水の中にいるように、それは小さく丸い白い物体となって現れた。

そして次の段階には、それは、徐々に大きくなり、やがて一つの輪郭を形作ろうとしていた。神が、新たな生命を誕生させるように。

8

功一君はそろそろ出発しないと間に合わないことに気づき、みんなを起こした。ぐっすり眠ったせいか、みんなの体調は良くなってきていた。少し笑みすら出せるようになっている。それぞれ立ち上がり、伸びをしながら帰り支度にかかりだした。

みんなは、お互いの埃と汗にまみれた黒い顔を見て笑った。汗というより涙に近かったに違いない。それよりもみんなは、浩君の豚の糞まみれの姿にようやく気づき、大きく笑うほどに元気を取りもどしていた。

陽もだいぶ傾いている。私は相変わらず未練がましくシロのことを思っていたが、みんなのさばさばした様子を見て、自分が幼く見え、もう全てを忘れ明日のことを考えるようにしていた。

そして功一君がみんなを先導して、再び、まだ熱さが残るアスファルトの道路に出た時、洋子ちゃんの叫び声に、みんなは感電でもしたように反応した。

「あれ見て!」

洋子ちゃんが指さす方向を私たちは見た。真っ直ぐ果てしなく北に向かう道、夕方の斜めの陽が射し、熱気を保っているアスファルトの逃げ水の中、白い何かを発見したのだ。

誰も声を出さず、その白い物体がなんなのかをそれぞれが見極めようと、身動きもせずにいた。次第にその白い物体は輪郭をなしていき、ゆらゆらと揺れる陽炎の中から本当の姿を現した。最初の出会いは突然の出来事であったが、再会はなんとじらされるのだろう。

奇跡は起きたのである。

最初にその奇跡の言葉を発したのは、やはり洋子ちゃんであった。

「あれ、シロじゃない？　シロよ、シロだわ、シロ、シロ」

声がつぶれるのではないかと思われるほど洋子ちゃんは叫んだ。私たちは最初彼女が言っていることがしばらく分からなかった。遠い先に見えるものはただ道ばかりのようだった。

傾いた西日が連続する丘の肌を照らし、一番遠くに見える丘の上の数人の人影をおぼろげに浮かび上がらせたその瞬間、下り坂の丘の道を小さな白い生き物がこちらに向かって来るのを確認できた。

それは、紛れもなくシロであった。

逃げ水の膜を分けるようにして現れた犬は、胸を張ってテンポよく歩いていた。

その瞬間、みんなも一斉にその犬の名前を叫んだ。

「シロだ、シロだ、シロは脱走したんだ。あのゴロージいさんからうまく逃げたんだ」

浩君は興奮して飛び上がっていた。

私たちはみんなシロが脱走したと思った。どのようにしてかは、その時は考えず、ただ脱走したのだと信じていた。脱走という言葉に痛快さを感じ、みんなシロがゴロージいさんやあのシェパードと戦っている光景を想像した。私たちは狂喜乱舞し、お互いに抱き合った。さっきまでの意味深い会話などどこかに飛んでいた。普通の子供に返っていたのだ。

「最初に見つけたのは、私よ」

洋子ちゃんは今までの疲れを忘れたかのように言う。

「なに言ってんだよ、ヨウコちゃんが言う前に僕はもう見つけていたんだよ」

私もさっきまでのめそめそした気分はすっかりなくなり、得意げに言った。

「僕は絶対シロはあのゴロージいさんから逃げ出せると思ったもんね」

浩君は一人悦にいっている。

和君は喜びのあまりまた泣き出していた。

功一君はシロのことは当然だが、むしろみんなの様子を見て喜んでいた。

シロは私たちの叫び声に気づき、一層早く走り出し、もう目の前まで近づいてきている。シロの温もりを確かめるのに、そう時間はかからなかった。

熱いアスファルトの道路を走ってきたためか、口から舌をたらしハアハアしながら私たちのもとに来ると、シロは仰向けになって喜びを表現した。少し体が汚れている。養豚場で何があったのだろうか、なにか大変なことが起きたのではないか、そう思った私は喜んでいるみんなに言った。

「シロが、脱走したんだったら、早くここから逃げないと駄目だよ」

「やっぱり、シロは脱走したんだ」

洋子ちゃんは脱走したシロを誉めながら言っていた。

「タカちゃんの言うとおりだよ、早くシロを連れて帰ろうよ」

冷静な功一君は興奮しているみんなを鎮めようとしていた。

私たちは笑いをこらえきれないまま、とにかくバス停へと向かった。そのあいだじゅう、シロは私達のまわりをぐるぐる回りながら、興奮してんわんわん吠えていた。

もう五時を過ぎていただろうか、私たち五人と一匹の珍道中が十分ほど続いた時、私たちの前に一台の車が止まった。高橋さんのおじさんであった。高橋さんのおじさんは私の父の同僚で、自家用車を持っている。

「隆ちゃん、どうしたの、こんな所で。みんなもおそろいで、家に帰るんだったら、送ってあげるよ、乗りなさい。お父さんは元気かい」

私たちがシロと一緒に車に乗ったのは、言うまでもない。

一九九六年　冬

知恵は、九歳になった。小学校三年生である。ルルは三歳、もう成犬だ。ミニチュアダックスフンドのルルが山峰家にやってきて、三年が経とうとしているわけだ。

知恵のルルへの可愛がりようは大変なものであった。小学校の入学時は学校に連れて行くなど、なかなか離れようとしなかった。担任の先生をかなり困らせたようだ。佐知子はどのように言い聞かせたものか分からないでいたが、父の秀夫は知恵にこう言い聞かせた。

「チーちゃんは、ルルのことが一番好きだよね？」

「もちろん、好きだよ」

「それじゃ、ルルもチーちゃんのこと好きなのかな？」

「決まっているわ、ルルは私のこと好きに決まっているわ、いつも一緒にいるのよ」

「そうか、そうか、分かったよ」

秀夫は少し考えてから続けた。

「じゃ、もしルルを学校に連れていったら、どうなるだろう。チーちゃんがどんなに面倒を見てあげても、ルルは可愛いから、たぶんクラスの人気者になると思うんだ。そしたら、チーちゃんより可愛がる子が出てくるかもしれない。そして、ルルは、チーちゃんよりその子を好きになってしまうかもしれないね。そうなったらどう思う？」

「そんなこといやだ。そんなことにならない。ルルは、私を一番好きなの」

「そうか、じゃ、試しにしばらく学校に連れていって様子を見てみようか。ルルが他の子のことを好きになったら、チーちゃん、諦めるかい？」

「そんなのいやだ。やだ。ルルは誰にも渡さない。ルルは私以外の子にはなつかないもん」

「そうだよね、ルルはチーちゃんの友達だ。かけがえのない友達だ。他の人に渡したくないね。でも、学校に連れていくと、他の人に取られてしまうかもしれない。やだよね。そんなこと考えるのは、いやだよね。だからルルはこの家にチーちゃんがいないとき、ママと一緒にいた方が安全なんだよね」

しばらく黙っていた知恵は、子供なりに納得して言う。

「うん」

「そうか、いい子だ、ルルは家に置いていこうね。学校から帰ったら思いっきりルルと遊べばいいんだよ。その方がルルにもチーちゃんにもいいと思うんだ、パパには」

佐知子は秀夫の説得のしかたに感心していた。自分にはなかなか出来ないと思った。すぐに感情の方が先走り、理屈を通した言い方が出来ない。それを秀夫に言うと、こんな返事が戻ってきた。

「なんでも駄目と言ってはいけないんだ。一番好きなことに対して、どうしてやれるかを考えればいいんだよ。好きなことをもっと好きにしてあげればいいのさ。チーちゃんはルルが好きだ。学校ではなく家でないと、もっと好きでいられないことを言ったまでさ。でも、本当にこれでいいかは、まだ分からないよ。僕たちもあの子を見ていろいろ学ばないといけないだろうな」

知恵がそれから学校にルルを連れて行くことはなかった。

あれから三年が経っているが、学校から帰ると知恵はルルを何とかしつけようとしていたものだ。特にボール遊びは、父の助言もあってか、執拗にルルに覚えさせようとしていた。ボールを投げ、取らせるのである。

専用のボールをペットショップで購入し、学校から帰ると近くの公園で訓練をするのが日課となった。公園は小高い丘のような作りになっており、丘の上は芝生が敷き詰められている。まだ明るい夕方や休日には、犬を連れた多くの人々で賑わっている。みんな犬からリードを外し、自由に走らせたりボール投げをしたりと、いわゆる人と犬の憩いの場のようになっていた。知恵とルルも公園デビューを果たし、毎日のように訪れる少女と子犬を、回りの大人達は歓迎していた。

知恵がルルにボールを捕らせる訓練をしていたある日、ゴールデンレトリーバーを連れた四十代くらいの男の人から助言を受けた。

「お嬢ちゃん、焦ってはいけないよ。最初はボールを捕らせようとするんではなく、一緒にボールと遊ぶんだよ」

「どうするんですか？」

男はボールを持って、ルルの目の前に左右に振りながら言う。

「こうやると、犬は興味を持つだろう。それから、転がしてやる。動くものに興味が湧くんだよ。決して恐いものだとは印象づけない。そうやって遊ぶんだ。しばらくはそれでいいんだよ」

知恵は聞き逃さないように、真剣な顔をしている。

「そうやって遊んでいるとき、もし犬がボールをくわえたら、思いっきり誉めてやるんだ。犬は誉められることが好きなんだけど、主人が喜ぶことの方がもっと好きなんだよ。ご主人様が喜んでいるなら、もっとやろうという気持ちになるんだ。誉めるだけではなく、良く出来たらおやつをあげるとなおいいね。ドッグフードでもいいし、ペットショップでも売っているから、この子が好きなおやつを探してあげるといいね。

それが出来たら、徐々にボールを投げる距離を長くしていく。そうすると、犬はね、ボールを捕って持ってくることが楽しくてしようがなくなるんだよ。うちの子のを見てごらん」

　そう言うが早いか、その男は持っていた野球ボールを思いっきり遠くへ投げた。すると、今まで傍らでおとなしくお座りをしていたその犬は、巨体を躍りあがらせ、投げた方へ芝を蹴ちらして走っていく。ものすごいスピードであった。知恵もルルも蹴ちらされた芝生を顔に浴びながら、その方向を無言で見ている。あっという間にその犬はボールをくわえ、主人のもとへ戻ってくる。犬を撫でながら、その男の人は、頑張るんだよ、と言うとどこかへ去って行った。

　知恵はしばらく感動していた。そして、男の人が言ったことを忘れまいと、すぐにルルにも同じことをさせた。とにかくボールに興味を持たせることだけを考えていた。

　するとどうだろう、ルルは初めてボールをくわえたのである。知恵は大喜びした。こんなに早く効果が現れるものなのか。言われたとおり、ルルをすぐに誉めてやった。ルルも喜んでいる。やはり男の人が言ったとおりだ。知恵は更に興奮している。しかし、焦ってはいけないという助言を思い出し、今日はその段階までとし、後はボール遊びをしながら、ボールに興味を持たせるようにした。

　そんな訓練が二～三日が続いたが、ある日曜日のこと、ルルはついにボールをくわえて戻ってくるようになったのだ。最初に出来たときは知恵は父を呼びに家に帰り、その成果を見せるのであった。父も母も知恵の熱心さに、子供に犬を買い与えたのは良いことだったと安堵したのである。

それを契機にルルはボール取りを始め、フリスビーやハードル越えなどの競技レベルの技をこなすようになっていった。知恵はますますルルを賢い犬として周囲に自慢した。近くの公園での訓練は、近所の人々の評判となり始めた。子犬と少女、まさしくメルヘンの香りのする光景でもあった。

競技会にエントリーしてはどうかという誘いがあったが、知恵はそのようなことを嫌った。あくまで自分とルルの関係を最重要視したかったのである。知恵は自分以外の人間にルルを触らせることはなかった。食事も知恵が与えていたし、ルルの好きなものをよく知っているのも知恵だった。知恵はルルを溺愛していた。

それが後で辛い経験と教訓を与えることになるなど、いまの知恵は知らないのだが。

第四章　家族の一員

1

楽しかった夏休みも終わり、二学期が始まる。

九月に入ると、北海道はめっきり秋らしくなり、木々も赤く染まって鮮やかな紅葉となる。空を埋め尽くさんばかりの赤トンボが飛び立ち、それは虫取り網を空にかざすだけで捕獲できるほどの数であった。

そもそも北海道には昆虫が少ない。本州では、秋になると鈴虫やキリギリスなどが鳴き、風情溢れる夜長を楽しむことができるが、北海道ではそうはいかない。全くいないわけではないが、ときどき虫の鳴き声が聞こえる程度で、情緒を感じるほどには秋を演出してくれない。もしここでキリギリスなどを捕まえたりしたら、その子はもう英雄であった。鳴き声は聞こえても、見つけるのが難しいのである。ましてカブト虫やオオクワガタなどは、昆虫図鑑でしか見たことがない。私が子供の頃初めて東京の親戚の家に行った時、ゴキブリを見てカブト虫と間違え、素手でつかんで周囲を驚かせたものだった。

そんな中で、赤トンボがあれほどに多かったのは、水田がまわりに拡がっていたためであろう。今ではその水田も狭くなり、赤トンボも減少していると聞く。みんなで虫取り網を持って赤トンボを追いかけた日のことは、今でも懐かしい思い出として私の胸に去来する。

シロは私たちの所に戻ってきたが、私たちはもうあの神社を危険地帯とみなしていた。

私は母にシロを飼いたいと懇願した。すると意外なことに承諾してくれたのである。但し、準備のために一週間ほど待たなければならなかった。ジュリーのことがあったからだ。シロを受け入れることでジュリーのねぐらを干渉したりしないようにするためであった。

いずれにしてもみんなも喜び、今までの苦労が報われた思いだった。みんなはシロと遊べなくなることが少し寂しそうだったが、私は、家もお互いに近いからいつでも会えることや、シロを連れてみんなと遊ぶことを約束した。私の家の準備が出来るまでの間、洋子ちゃんの家の裏の崖にある畳一枚分ぐらいの平らな棚に段ボール箱を移し、一時のシロの住みかとした。崖といってもなだらかな斜面で、女の子でも苦なく降りることができ、いつでもシロに会える。

私たちは今まで以上に長い時間、シロの側にいることに努めた。二度と養豚場に連れて行かれたくなかったし、二度とあの苦しみを味わいたくなかったのである。シロがさまよい出て、住み慣れた神社に行ってしまうのではないかと、冷や冷やしたものだったが、その点はシロも分かっているようで、神社はもう恐い場所として記憶され、行く気配はなかった。

実際、シロはもう二度と養豚場に連れていかれることはなかったのである。

私の家に来るまで、私達は毎日シロと一緒にいた。そしてこれまでのシロの武勇伝を、会う人会う人に物語のようにして話した。

それ以外のちょっとしたエピソードなら、まだいろいろある。

いつだったか、いつものみんなとシロとで遊んでいる時、誰かがオナラをした。そんなに大きな音ではないものの、洋子ちゃんは浩君が犯人と思ってなじっていた。浩君はむきになって無実を訴えていたが、その時またオナラの音がした。今度はもう少し高い音で。私はジュリーもときどきオナラをすることを知っていたので、もしかしたら犯人はシロではないかと、みんなに犬もオナラをすることを説明した。みんなは信じられないといった様子でしばらくシロを見張っていた。するとシロはタイミング良く、なんと三度オナラをしたのである。その時、みんなでお腹を抱え笑い転げたのを思い出す。シロは自分が笑われていることに腹を立てたのか、それとも私たちの楽しい笑い声に興奮したのか、吠えながら飛びかかってきたものだった。

もう一つ、圧巻だった思い出がある。

それは滝川市の北西あたり、家から歩いて十五分ほどの所、廃墟となった大きな工場の建物周辺で遊んでいた時のことであった。その時は洋子ちゃんはいなかったと思うが、私たちは一年上級のガキ大将と数人の仲間に喧嘩を売られたのである。

原因は、その遊び場が彼らの縄張りであり、私たちは侵入者だったことだ。ここから出て行けと好戦的に強く迫ってきたのに対し、最初に言葉を発したのは、やはり正義感のある功一君であった。二人は睨み合った。私たちとガキ大将の子分達は、二手に分かれて見守っていた。しばらく睨み合いが続く。お互いにどちらが仕掛けるか、間合いを取っている。

するとその時、突然白いものが私の視界の横をよぎったと思った瞬間、功一君の背中に何かがぶつかり、功一君が前のめりに飛び出した。みんなは口を丸くあけたまま固まっていたが、次の瞬間、ガキ大将は鼻血を出して尻餅をついていた。功一君の前頭部が、ちょうどガキ大将の鼻にぶつかることを計算しての体当たりである。

何を隠そう、体当たりをしたのはシロなのだ。喧嘩の場合、鼻を狙うのが基本らしく、あまり力を入れずに素早い一撃を加えることで、相手の機先を制する。なおかつ、相手は自分の鼻血を見て戦意を喪失してしまうという、喧嘩の常道なのである。シロがそんなことを知っているはずはないのだが、いずれにしてもガキ大将はぶざまに尻餅をついて鼻血を流し、急に泣き出してしまった。私たちは我に返り、功一君の逃げろの合図で、一目散に走り出した。当然、シロが先頭を切って走っている。振り返ると、子分達が石を投げながら、なにやらわめいていた。みんないい気分になっていた。

そして、ついにわが家にシロがやってきた。

2

初めて家に入れたとき、シロはかなり戸惑っていたようだ。私も常に外にいるシロを見ていたので、部屋の真ん中に立っているシロには違和感があった。外で見るときより大きく見える。盛んにあちこち臭いを嗅ぎ回り、落ちつかないでいる。しばらくすると玄関に座り込んだ。玄関と居間の間の空いたスペースにマットを敷いて、そこをシロのねぐらにしてやった。

ジュリーはだいたい居間のソファーに寝ころんだり、母が食事の用意をしていると台所に横になったりしていた。ソファーに横になっていたジュリーは、シロを見て怪訝な顔をしている。シロもじっとジュリーを見つめている。しかし、ある程度の間合いを取ると、それ以上近づくことなく玄関の所に戻っていく。

私達はシロとジュリーの仲を心配したが、案の定ジュリーはやきもちを焼きだした。シロが来たときは関心を示さない様子だったが、みんなが歓迎しているのを見て、いじけたのだろう、食事をとらなくなったのである。

心配した母はジュリーを抱いて撫でていた。それでもジュリーは機嫌が悪かった。餌をやっても食べないばかりか、餌の入ったボールをひっくり返してしまう始末だ。直接シロに対しては何もしないが、嫉妬心を人間にぶつけてくるようである。

私がジュリーに近づくと、上目遣いに見ている。こんなジュリーを見たのは初めてであった。そして時々小さな声で吠える。元々ジュリーはほとんど吠えることはなかった。人に対してはもちろん、他の犬にも吠えることはない。ジュリーにとってあまり好ましくない人物には、何度か吠えたことがあるが、今のシロがそれなのだろうか。

それを察したのか、シロは居間まで入って来ない。玄関にお座りをして、ただこちら側を見ているだけであった。ジュリーもシロもどちらも賢い犬である。だからこそ、お互いに無言の牽制をしているのかも知れないと思った。犬特有のコミュニケーションをとろうとしない。先が思いやられたが、とにかく慣れてくれるしかない。シロよりジュリーの方が困ったことになるとは思ってもいなかった。

しかし、シロはシロで困り果てることになるのである。違う犬種を複数飼うことについての知識は、私達はまだ何も持ち合わせていなかった。その後の経験からいろいろ分かったが、シロに関しては、問題は違うところにあったようだ。

その夜はシロをそのまま一階で寝かせた。二階に上げたかったが、ジュリーはいつも二階で寝るため、シロを一階に置くしかなかった。私は少し不安であったが、利口なシロのことだから問題ないだろうと思っていた。

翌日学校に出かける時、シロは私の後を追うように玄関から出ようとしていた。外に出たかったようだ。後のことは母にお願いして学校に向かった。

学校が終わるとみんなからシロの様子を聞かれたが、あまり詳しく説明せず、急いで家へと飛んで帰った。

帰ると、母からシロの困ったことについて聞かされた。それは首輪を付けさせないことであった。ジュリーのようにリードで散歩をさせようとしたらしいが、どうしても嫌がるというのだ。私も首輪を持ってシロに近づいてみたが、首輪を見るだけで逃げてしまう。

しかたなく、シロには首輪を付けず、家の中から外に出るときは自由にさせていた。

シロが来て一週間が過ぎようとしていたある夜のこと、夜中、シロの鳴き声で起こされることになった。みんなは寝静まっていたが、私はそっと一階に降り、シロの様子を見てみた。相変わらずシロは玄関にいる。薄暗い中、外のわずかな光に白い姿が浮かび上がっている。

私に気づくと、シロは立ち上がりしきりに玄関の扉を前足で引っかいている。外に出たいのだろうか。私はそばに行き、どうしたのかと話しかけたが、シロは私の手をなめながら外の方を見ている。やはり外に出たいのだ。おしっこでもしたいのだろうと思い、扉を開けた。

私がドアノブに手を掛けると、シロは鼻先でドアを強く押し、外に飛び出していった。慌ててその後を追いかけた。我慢していたおしっこを何処でするのかと思いきや、シロはそのまま走り去っていってしまったのである。私はシロを追いかける。シロはそんな私を見てじゃれ始めた。何をしたいのかその時は分からなかった。とにかくシロを家に入れようとして追いかけるが、シロは面白がるように逃げている。真夜中、子供と犬が追いかけっこをしている様子は、あまりにも奇妙であったかもしれない。

私は、夜中であるためあまり大きい声は出せなかった。家に入ればシロが戻ってくると思った。しばらくして、ドアを開け外を見たが、そこにはシロの姿はなかった。理解に苦しんだ。

私はそんなシロを忌々しく思い、眠いことも手伝って自分の寝床に戻った。明日になればひょっこり現れるだろうと思っていたからだ。

思った通り、翌朝シロは玄関の外で寝ていた。

3

シロが外に出たいとき外に出し、戻ってくると家に入れるという生活がしばらく続いた。その都度足を拭かないといけないのだが。私が学校に行っている時は、その世話を母がしなくてはならなかった。多少、困っていたようだ。ジュリーは一日一回外に出せば済むのだが、シロは数回にも及ぶ。母にすればジュリーの方が可愛いわけで、困り果てるのは理解できる。

そんなこともあって、私は学校から帰るとなるべくシロと外に出て、しばらく会っていなかったみんなと遊ぶことにした。みんなもそれは歓迎してくれ、久々のシロとの再会を喜んでいた。

しかし、シロが少し小さくなったみたいだと洋子ちゃんから言われたときは、不思議に思った。ご飯も運動も充分のはずだ。なぜそう見えたのか、その時は分からなかったが、私がもう少し大人になった時、気づくのである。

いずれにしても、私は極力シロの側にいた。シロもそれを喜んでくれているようだ。ただジュリーに遠慮してか、相変わらずいつも玄関にいる。私も時間があるときはシロに付き合い、一緒に玄関にいる。

日曜日のこと、外から帰ってきた私とシロが、玄関で一緒にじゃれあっている時であった。ドアをノックする音に、シロも私も立ち上がった。一階の居間のソファーに座っている父は、さっきから新聞を読みながら何かを待っている様子だ。ノックの音に、父が「どうぞ」と応えている。ジュリーはキッチンの母の所にいる。

玄関のドアが開き、学生服の中学生らしき青年が現れた。中学生といっても、小学生の私にとっては、ほとんど大人に見える。高校生、大学生などは想像することも出来ない。今の自分からみれば、彼らはいずれも子供にしか見えないのだが、当時はそうではなかった。

とにかくその中学生は、「失礼します」というと、私達の存在に気づかないのか、そのまま靴を脱いで父の前に歩み出た。

父は横のソファーに座るように手を差し伸べた。二人は斜めに向き合うように座っている。中学生は両膝に手を置き頭を垂れ、かなり緊張しているが、父はにこやかな表情だった。私達はじゃれあうのをやめ、耳をそばだてて玄関でじっとしていた。私の所からは、こちらに向かって座っている父が見える。中学生は時折上下に動く左半身が見えるだけである。父は私達を気にすることなく話し始めた。

「遠藤君、それでいいのかな」

遠藤さん、という名前だ。

「はい」

声は、小さい。

「先生はそうは思わないよ。遠藤君は吹奏学部を一年生からやっているよね。今は三年生で、指揮者だ。みんなのリーダーなんだよ。どうしてそれを辞めたいんだね」

どこかで見た顔だと思った。滝川第一小学校では、毎年二回、滝川中学校の吹奏学部のコンサートがあるのだ。

今でも鮮明に覚えている。コンサートでは主にクラシック音楽を演奏する。二時間くらいの演奏会も終盤を迎え、ハチャトリアンの『剣の舞』を演奏をしている。初めて聞く音の刺激に私は酔いしれていた。曲名などは知らなかったが、鳥肌が立っていた。トランペットを吹く人、バイオリンを弾く人、太鼓をたたく人、みんなすばらしかった。前髪を長くのばした指揮者は特に輝いて見えた。時々、指揮棒を振りながら、聴衆に向かってにこやかに微笑んでいる。なんて格好いいのだろう。早く中学生になりたいと思ったものだ。そして、コンサートは終了した。

アンコールの声が連呼している。指揮者は聴衆を鎮める動作をすると、両手を大きくあげ、再び演奏を始めた。『剣の舞』であった。もういてもたってもいられない気持ちで聞き入っていた。生で聴く音楽のすばらしさを、私は初めて経験した。

滝川は音楽や美術などの芸術面の教育には力を入れていた。そのせいか、私も楽器の演奏をしたかった。特にバイオリンには不思議とひかれた。姉はピアノの教室に通っていた。私もバイオリンを学びたいことを両親に告げたが、ピアノをマスターしてからでないと無理であることを知らされた。

なぜだか、あんな大きな箱に向かうことには抵抗感があった。むしろバイオリンのように、何処でも演奏できるスタイルに憧れていたようだ。吟遊詩人のイメージに憧れていたのかもしれない。いずれにしてもバイオリンは、諦めざるを得ず、本来の図画工作に熱中することとなった。

そのことが働いてか、絵のコンクールには積極的に参加し、よく入選していた。時には大賞を取ることもあった。そういうときだけ、私はクラスの英雄的な存在として丁重に扱われたものだ。先生も私の力量を高く評価してくれていた。その頃から将来は芸術家になりたいと思っていたのだろう。だが結果的には芸術家にはなれなかった。

とにかく、父の前にいるのは、滝川中学校の吹奏学部で指揮をとっている人であった。あの時のコンサートを思い出しては、ある種憧れを持っていたものだ。その人がここにいる。辞めたいとは、どういうことだろう。

しばらく二人の間に沈黙が続いたが、遠藤さんは聞き取れないような声で父に訴えるような調子で言った。

「実は……」

また、沈黙。しばらく続く。

父はイラつくことなく、ソファーから体を起こしている。

「吹奏学部の顧問の先生のことだね」

父はおかしくてたまらないといった感じで笑っている。どうしたのだろう。遠藤さんの肩をたたきながら続けた。

「その先生と馬が合わないんだろう？　それが原因なんだろう？」

そう言うと少し真剣な表情になり、遠藤さんを諭し始めた。

「遠藤君、もう数カ月で卒業だ。ここまで我慢が出来たのだから今辞めることはないだろう。あの先生は厳しいかもしれないが、君にもう少し成長して欲しいからいろいろ言うんだと思うよ。別に、君を嫌っているわけではないんだ」

遠藤さんは何かを言っているが聞き取りにくい。

「厳しすぎるのです。とても一日たりとも我慢が出来ないのです」

遠藤さんは震える声を絞り出すように答えた。

「他の仲間達は、なんと言っているんだい？」

「みんなは辞めないで欲しいと言っています」

「彼らを見捨てることになると思わないか」

「それはとても辛いのですが、担任の先生の厳しさにはもう耐えられないのです」

「よかったら、その厳しさを具体的に言ってくれないか」

「私が失敗すると必ず殴ります。悪いことをして殴られるのは、納得のいくことです。しかし、失敗は常に付きものです。その度に殴られるのは辛いです。しかも私だけです。他の人は誰一人叱られることはありません。私のことを、成長させようと思っているなんて思えません。憎んでいるのではないかと思うほどです。私には理解できません」

「他には？」

「日曜日でも自宅に呼び出されます。受験があるので勉強していてもお構いなしなのです。逆らうことが出来ません。滝川高校に行きたいのですが、このままでは落ちてしまうかもしれないのです。今、一番大事なときなのです。どうか先生分かって下さい」

「そうか、君の気持ちはよく分かるよ。先生がその立場なら、辞めたいと思うよ。でもね、少し先生の話を聞いてくれないか。もしここで、吹奏学部の指揮者という立場を辞めたら、遠藤君には何も無くなるんだ。つまり、三年間してきたことが、ゼロになるんだよ」

「どういうことでしょう？」

「別に経歴を作るためではないんだが、この先将来にわたって、遠藤君が指揮者を途中で辞めたということは消えないんだ。みんなは君のことを途中で投げ出した人間として見るんだ。どんなに実力があっても、君は途中で逃げる人間として判断されるんだよ。継続することって、すごく大変なことなんだ。それをやり遂げることがどんなに高く評価されるか分かるかい？一度逃げると、それが癖になる。逃げたことが心に残る。逃げなかったことも心に残る。逃げなかったことが、将来、何か問題があったとき助けとなるんだ。

顧問の先生は、確かに他の先生にはない厳しさを持っているかもしれない。辛いことだろう。でも、中学一年から続けた吹奏学部、あと五カ月で卒業だ。長い人生の中で、五カ月なんてなんと短いことか。君にとって、すごく長い時間のように感じられるかもしれないが、人生の先輩として言わせてもらえば、この五カ月を我慢することは、君の人生で一番の宝になると思うのだが」

遠藤さんの鼻をすするような声が聞こえる。

「最後まで続けることは地味で、むしろ力のいることだ。ある一瞬だけ力を出すことは簡単なんだ。その時は評価されるかもしれないが、長く信頼されるためには、少しのことを長く続けること。社会に出て、最も必要とされることなんだ。たかが吹奏学部の指揮者、就職の役に立つかどうか分からない。先生は、そんなことを言っているのではなく、続けていくことの気持ちを大事にして欲しいと言っているんだよ。そして、逃げないこと」

短い沈黙があったが、更に父は続けた。

「君は昨年の東京オリンピックは見たよね」

「はい、見ました」

「どの競技が一番印象的だった？」

「やっぱり、女子バレーボールの優勝だと思います」

「そうだね、あれはすごかったね。あそこにいくまでの苦労は、並大抵ではないね。それから？」

「後は、体操、重量挙げ、柔道かな。それから、男子百メートル走で十秒の壁を破ったスミス選手かな」

「うん、どれもすごかったよね。じゃ、マラソンはどうかな？」

「ええ、アベベ選手が優勝しましたね」

「円谷選手のことは覚えているだろう？」

「はい、三位でした」

「先生はその円谷選手のことに一番感動したんだ。マラソンは他の競技に比べて最も地味なスポーツだ。それも長い距離をただひたすら走るしかない。百メートル走のような華々しさはない。黙々と走り続けなくてはならない。先生がさっき言ったやり続けることの大事さを言っているだけではないんだよ。実は、円谷選手は後ろから他の選手が迫ってきても、ゴールに着くまで後ろを振り向かなかったんだ。それが何を意味しているか分かるかい？」

「臆病に思われるのが、いやだったのではないでしょうか」

「そう思う人もいるかもしれない。しかし、先生はそう考えていないんだ。円谷選手にとって、マラソンは自分との勝負だったんだ。もちろんスポーツ選手なら誰でも金メダルを取りたいけれど、円谷選手は自分に勝つことが最初に来るんだ。その結果が金であるか銀であるか、銅であるかだけだと思う。

　だから後ろを振り返る必要はなかったんだ。後ろを振り返って、一人の選手が追いつきそうになっているのを見て、頑張って走ってどうしても銀を取ろうとすることは、円谷選手にとって、意味のないことなのかもしれない。たぶんあれが限界かもしれない。それでも自分と戦って走るその姿には、感動せざるを得なかったんだ。

　これから大人になって社会に出て、いろいろと競争しなくてはならないことがあると思う。受験もその一歩だと思う。しかし、自分と戦うことを忘れ、常に人に勝つことだけを考えていると、いつかは自分を見失ってしまうのじゃないかな。今の遠藤君はあの先生から逃げたい。

そして高校受験をしたい。それも仕方ないかもしれない。しかし自分と戦うことを優先すれば、もっと違ったことが見えてくるような気がするんだ」

遠藤君はどうやら泣いているようであった。今までの諭すような言い方からうって変わって、父は笑いながら言い出した。

「どんなに担任の先生が恐くても、君は死ぬことはないんだ。生きているんだ。よっぽどのことがない限り、死ぬことはないんだ。そう考えたら楽になるだろう。笑ってしまえ」

父は笑っていた。そんなことで遠藤君は励まされているのだろうか。ただ、父の「続けること、逃げないこと。自分と戦うこと」と繰り返す言葉だけが、私の耳に残った。

その後、母が現れて食事を出した。その時はもうそれまでの話は出ず、なごやかに打ち解けた会話に変わっていた。私は大人達の時間単位で変われる気持ちのコントロールはまだ理解できないでいた。

シロは終始二人の方を見つめ、聞き入っているような感じがした。

だいぶ後になってのことだが、私はその後の遠藤さんのことを父に聞いてみた。結果的には吹奏学部を辞めず、指揮者を最後まで続けたらしい。だが、一旦辞めると言ってしまった手前、周囲から信頼を取り戻すのに時間がかかったらしい。遠藤さんは何も弁解せず、ただ一所懸命な姿を見せていたという。父は言葉に頼らない地道な姿にこそその人の真実がある、と言って遠藤さんのことを誉めていた。私は父が言っていた円谷選手のことを思い出した。

それから二〜三日後、いつものように学校から家に向かっている時であった。玄関の横の物置の前に繋がれているシロを発見したのである。私は急いで母に尋ねた。シロの面倒を見るのが大変なため母が繋いだのかと思っていたが、どうやらジュリーのやきもちはまだ治まっていなかったのである。シロが来て二週間ほどが経つのに、相変わらず食事をあまり取らない。痩せていくジュリーを見た母は、やむを得ずシロを外に出したのだと言う。

あんなに首輪が嫌いであったのを、どのようにしてつけたのか尋ねると、父に何とかつけてもらったようだ。シロはかなり抵抗したらしい。父も力ずくでようやくつけることが出来たそうだ。なんだかシロが可哀想に見えてきた。だが、他の犬は大抵外に繋がれているはずで、ジュリーだけが特別なのである。今のシロはもはや野良犬ではなく、家族の一員なのだ。でも私はシロが家で飼われていることも、このように鎖に繋がれていることも、不自然だと思う気持ちになり始めていた。シロはもっと自由な生き方をしたいのではないかと思えたからだ。

シロに近づき撫でてやると、私の手をいつものように舐めてきた。首輪を調べると、それほどきつくない。シロが首輪を嫌うのは、たぶん以前にきつく絞められたいやな経験があるためであろう。私はそう思うようにしていた。しかし、それがかえって悪い結果を招くこととなる。

日曜日になると、私とシロは、誰にも邪魔されることのない一日と空間を与えられた。今まではみんなにも多少気を遣っていることもあったが、今は自分のものになった気分で、誰に遠慮することなくシロを独占できた。日曜日はそれが思いっきり出来るのである。

首輪を外すと、シロは以前のように喜びながら私についてくる。二人で以前行ったあの空知川の河原に行ってみようと思った。怪我をして以来行っていなかったが、その日は何も後ろめたいものがないせいか、余裕があった。そもそも、空知川は忌むべき場所ではない。シロが家族の一員となったことで、全てが帳消しとなったのだ。

前回と同じように水田を通って行く。稲刈り後の田んぼは寒々としている。蜘蛛が出現した場所は避け、違う道を歩く。気分が軽かったせいか、思ったより早く空知川に着いた。土手に群生するススキは丈が伸び、白い穂を付け、かき分けるのに一苦労した。それでもシロはちゃんとついてくる。

河川敷に風が吹き付け、より寒さを誘う。その日は裸足になって水と戯れたり、化石探しをしたりしない。ただ、シロが自分を救出してくれた場所を見たかっただけだ。

自分が怪我をした木を見た。自分の目を打った枝がまだ出ているが、なぜか懐かしい気持ちがした。その枝を見上げているシロにも懐かしいのだろうか。

その時、初めてシロは私に甘えるように飛びついた。後ろ足で立ち、前足を私のお腹あたりに付けてくる。何かを言いたいのか。怪我をした場所であるため、また私がそうなることを心配してての行動なのだろうか、私はそう思っていた。

シロにそう思わせてはいけないと感じ、また寒いこともあり、そこから立ち去ることにした。それでもシロは、家に帰る道中でも時々私に飛びつくのである。やはり、何かを言いたいのだ。その時の私には分からなかったが、だいぶ後になって、その時のシロの行動がの意味が分かるのである。

家に着き、シロを鎖に繋いだが、シロは寂しそうな顔をして玄関に入る私を後ろから見ていた。気になったが、繋がれるのが相変わらずいやなせいだろうと思うようにしていた。それでも少し気がかりを残しながら、私は就寝した。そして翌日の月曜日の朝、昨日のシロの顔が何度も脳裏をよぎるのを不安に感じ、いつもより早く起きてシロに会いに外に出た。だが、朝日を浴びて転がっている赤く光る首輪が、シロのいなくなったことを告げていた。

4

シロは以前、用水路で記憶を取り戻してから、時々記憶の彼方にある何者かに刺激されていた。それは、鼻を通じて何かの行動を誘発させようとしている。

首を締めつけているもの、以前ほどの苦しさはないが、そのまとわりつくものから逃れたかった。だが、それはしなかった。友を置いてここを去ることは出来なかったのである。

しかし、何かの香りが風に乗ってシロを包むとき、懐かしい記憶が蘇る。母を慕う子のように、胸がかきむしられどうしようもない衝動に悩まされるのだ。

そして、シロは決意した。とにかくその香りのする方向へ行ってみようと。そこに何があるのか、誰がいるのか。確認できたらまたここへ戻ってくればよいのだ。

夜中気づかれることなく、後ろ向きになって首輪を体全体で引っ張る。首輪は簡単にシロの首からはずれた。ゆっくり歩き出した。振り返り振り返り、何度も寝静まった家を見ながら、後は、ただひたすら香りのする方へと走り出した。南の方角であった。

シロには分かっていた。北からは辛い臭いがするが、南には、優しく包んでくれるような香りがあることを。

みんなと遊んだ滝川神社を横に見ながら、水田へと降りる。稲刈りが終わった水田に水はなく、畦道を使わずとも目的の方向へ真っ直ぐ進むことが出来た。サイロや牛舎を横切る。牛達の声もしない。まだ暗く、ところどころに赤く豆電球のように点灯している街灯がぽつんぽつんと見える。それ以外の光は全くない。嗅覚だけが頼りだ。その嗅覚を阻むものは何もない。

漆黒のような暗い世界に、小さく光る点と点の間をかすかに見える白い影が移動している。その姿は、新たな世界を目指し、自分が本来あるべき姿を求めているように、何か強い意志に支えられている。

一時間は歩いたであろう。水田を越えると、大きな橋が見えてきた。その下にまた大きな川が流れている。友が倒れたところに来たのである。その先へは、進むことは出来ない。だが依然として、その方角を鼻は指し示していた。どのようにしてあの橋を渡ればよいか思案する。

しばらく河原に横になり、夜明けを待つことにした。脳裏には友の顔と遠い記憶の中にあるおぼろげな輪郭が、交互に押し寄せている。

気づくと、空一面に星が輝きだした。オリオン座が天頂に見える。物音ひとつしない。時間が止まったかのように思える。じっと星を眺めると、少しずつ少しずつ動いているのがわかる。西に傾いていくのである。時々目を閉じ、体内時計を頼りに時の経過を待っている。再び、目を開け空を見上げる。オリオン座の位置は変わらない。気の遠くなるような緩慢な動きで、オリオン座は、西の地平線に吸い込まれようとしていた。体内時計もその経過を告げている。もうすぐだ。すると、東の方でひときわ明るい星が光り始めた。明けの明星だ。

そうなるとあたりは次第に明るくなっていく。夜が明けた。

周りの状況が見えてくると、シロはすぐに立ち上がり、橋を渡る道を探し始めた。橋の上を一台の車が通っていくのが見えた。どうやら西に向かってその道に出ないと行けそうにもない。そう気づくと、シロはその道に向かって走り出す。一旦水田に戻り、土手を駆け上がる。真っ直ぐ橋に向かっている道にようやくたどりついた。

あの橋の向こうには、何があるのだろう。見たことのないものがあるのか。恐怖心はない。ただ、時々やって来る車に気をつけるだけだ。

橋の上を白い一匹の犬が渡っている。この橋が出来て、初めて通る犬だ。行き交う車も人もそんなことは知らない。ただ、時折人がシロに近づいて関心を寄せる。シロもその期待に応える。だが、すぐに目的の方向へと向かい出す。

橋を渡りきると、ひたすら南下するのみである。また稲刈り後の水田が拡がる。昨日歩いた滝川のそれと同じ光景が目の前に繰り広げられている。同じ所に舞い戻ったかのような錯覚を覚えたが、自分の鼻を信じ南へと歩いている。しばらく水田以外は何もない。

昼過ぎ、にわかに空が曇りだした。どんよりとした雨雲が低くたれこめ、一粒の水滴が、シロの鼻を濡らす。それに続いてぽつぽつと雨が降り出し、数分も経たないうちに土砂降りと化した。もう嗅覚は役に立たなくなってきている。体も濡れてきた。それよりやっかいだったのは、跳ね上がる水しぶきが泥水となり、シロの腹を黒く濡らすことだった。

視界も悪くなるほどの雨だったが、かすかに見える建物の影に向かった。近づいてみると牛舎であった。剛史君の牛舎よりかなり大きい。軒下も充分雨宿りが出来るほど奥行きがあった。雨がやむまで、ここにおとなしくしているしかない。

雨はいっこうにやむ気配を見せず、雨水がどんどん地面に吸い込まれていく。一時間もすると地面は吸い込むことを辞め、雨水は溢れ出す。溢れた雨水は幾筋もの小さな川を作り、それらが集まり更に大きな川を作って軒下へと流れてくる。その川は容赦なくシロを攻めだした。それと同時に、体をおおった厚い被毛も、最初は水をはじいていたが、雨はそれも通り抜け、今では冷たい水が皮膚に達している。シロは後ずさりする。耐えるしかないようだ。

シロの体は今や、以前のようなふわふわしたものではなく、骨格が分かるほどにびしょ濡れだ。泥は体の上にも頭の上にも跳ね、シロは大きな泥ネズミに見えていたであろう。シロはとにかく壁に体を寄せていた。

思うことは、おぼろげにしか見えない温かい輪郭と香りだけである。それを思うことで、今のこの時を我慢できるのである。

雨が小粒になり始めた。次第に霧雨のようになっていく。まだ空はどんよりとしているが、先ほどのように鉛色ではない。薄く拡がる雲の彼方、夕陽を思わせるように西の方が赤みを帯びていた。夕方近くになっていたのだ。

雨は上がり、雨垂れだけが落ちている。その音に少し安らぎを覚えて、シロは明け方までここで休むことを決めた。雨に濡れ、体力を消耗したせいであろう。

すっかり夜になった。牛舎の横の家に明かりが灯った。人間が住む家だ。窓から人の影が見える。笑い声すら聞こえる。子供の笑い声のようだ。温かさを感じた。

シロは窓際に近づいてみた。温かさが伝わってくる。早くその温かさに飛び込みたい気持ちだった。しかし、その温もりは、ここでは得られないことを知っている。自分が生まれた場所、それが探し求めていた住みか、そうだ、自分が生まれた場所にこそ、本当の安らぎと自由があるのだ。

これまでの住みかに不満を感じていたわけではないことは、分かっていた。一日中、走り回っていたかった。いつのまにかシロは、繋がれることに不自由を感じるようになっていたのだ。答は単純である。何者にも束縛されない生き方、自分の意志で好きな時に好きなことが出来る生き方、シロにはその生き方が似合っていた。求める住みかはそれを実現してくれると信じていた。

翌朝は前日よりじらされることなく迎えることが出来た。昨日の豪雨が嘘のように晴れ渡り、鼻も元に戻っていた。朝靄がけむる中、後は香りがする方向へ一目散に走るだけである。

それを目撃するのに一時間もかからなかった。一晩あかした牛舎から、二キロほど南下した所であった。

香りがますます濃くなっていく。母だ。自分の母だ。もうこの衝動を抑えることは、誰にも出来ない。

近づくにつれ、おぼろげにしか思い出せなかったものを、はっきりと感じ取ることが出来た。進むにつれ、緑色の絨毯を敷き詰めたような草原が拡がるその中央に、小さな一階建ての家がかすかに見える。この家に間違いない。シロの全身の筋肉は躍動している。寒い朝であったが、体の中から熱いものがこみ上げ、息も絶え絶えだ。土を蹴る足の感触が蘇ってくる。この香り、この土の感触、確かにここは自分が生まれた土地であることを確信した。

ついにシロは家の前まで来ていた。扉が見える。朝靄もじきに消えて行くだろう。扉は開いた。

そこに現れたのは一人の少女であった。その後ろから大人の女性が見える。まさしくその人が母だ。

二人は、何かを叫んでいる。聞き覚えのある声だ。でも優しく微笑んでいる。そして、冷たく泥まみれになった自分を温かく抱きかかえてくれた。もうなにも案ずることはなかった。ようやく母の元に戻れたのだ。

シロは遂に自分を取り戻したのであった。この広い草原と母が、自分の住みかなのである。自分以外に何匹かの犬達がいたが、気にすることはなかった。みんな自分と同じ匂いがする。繋がれることなく、好きなように歩き回れる。本当の自由を得た気分であった。

シロがその家族に迎えられ、十日間が過ぎようとしていた。幸せな日々が続いたが、気になることは依然として残っていた。自分を救ってくれた友達のことだけが気がかりなのだ。

シロは敢えてこの幸せな場所をもう一度離れ、やるべきことをするために再び滝川に向かっていた。

5

翌日になってもその次の日になっても、更に一週間が過ぎても、シロは現れることはなかった。

私は、母に尋ねた。どうしてあんなに仲が良かったのに、シロはいなくなったんだろう。母は、野良犬の生活が長かったため、飼い犬の生活には馴染めないのではないかと言っていた。しかし、その時の私には理解できなかった。

シロがいなくなって十日ほどが過ぎた日曜日、私はみんなにこのことを話した。みんなで神社や崖のにわか造りのねぐらを探してみたが、シロの姿は何処にも見あたらなかった。今までの誘拐事件とは趣が違うようだ。どうもシロは、自ら去っていったような気がしてならなかった。

功一君、洋子ちゃん、そして浩君、和君とみんなで不思議な気持ちに駆られながら、神社の下の池にいた。

「コウちゃん、どう思う?」

私は頼りたい気持ちで言い出した。

「タカちゃん、シロに何かしたんじゃないの？　ジュリーがいるからシロを可愛がらなかったんじゃないの？」

また、洋子ちゃんだ。落ち込んでいる私に辛い一言であった。私は言い返した。

「何を言うんだよ。僕はいつもシロと一緒にいたんだ。ちゃんと可愛がったんだ。ご飯もちゃんとあげたし」

「そんなにむきにならなくてもいいでしょ」

「なんかその言い方が気にいらないんだよ」

かなり大きな声で言った。

「今日のタカちゃん、変よ。どうしてそんなに怒るの？」

いつもならもっと攻撃してくるのだが、洋子ちゃんは気が抜けたらしく、後は何も言わなかった。二人のやりとりを見た功一君は、笑いながら言った。

「タカちゃん、僕は犬を飼ったことないから分からないけど、シロを犬ではなく、僕たちと同じ人間として考えてみたらどう？　僕は、シロに会って最近そんなことをふと思うことがあるんだ」

「コウちゃんの言っていること僕わかんないよ」

「シロは、タカちゃんのお母さんが言っているように、家の中では駄目なんだ。シロは、僕たちと一緒にいるとすごく元気だよね。それがタカちゃんの家に入ると逃げちゃったんだろ？答は決まっているじゃないか。外が好きなんだよ。ジュリーと違うんだよ。それに繋がれることもいやなんだよ」

それでも私は功一君の言っていることが良く飲み込めなかった。自分が怪我した時助けてくれたことや、養豚場での出来事などを思いだすと、どうしても逃げて行くことが信じられなかった。自分のことを愛してくれてると思っていたため、何か裏切られた気分だった。功一君の説明は、年齢が一つしか違わない私には理解できなかった。幼すぎたのだろうか。なぜ、シロを人間としてみるのか。

翌日の朝、私はガラス戸から裏庭を眺めた。そこに、私を見つめているシロの姿があった。私は大声を上げて、シロが戻ってきたことを母に告げた。

二〇〇〇年　秋

山峰知恵は数学の授業が身に入らなかった。黒板に向かって先生が鳴らすチョークの音も聞こえていない。焦点の定まらないカメラのファインダーを覗いているように、ぼやけた周囲の輪郭だけが意識を支えていた。

早く帰りたかった。仮病でもつかって休めばよかったと思っている。今朝家を出るときの姿が最後になるなどと考えたくない。母によろしくお願いと言って出てきたことを後悔していた。

七年前の誕生日に、父からのプレゼントで買ってもらったミニチュアダックスフンドのルルが病気にかかっていたのである。今日、母が病院に連れて行った。家から十分くらいの所にあり、毎年狂犬病の注射をしてもらっている動物病院である。学校を休んで病院に行ってもどうしようもないのだが、今はただ祈る気持ちでいっぱいだ。

二〜三日前からルルの容態がおかしくなり、食事をとらなくなったのである。今までそれほどの病気はしたことがなかった。まだ七歳、若くはないが死ぬ年齢ではない。あと七〜八年は一緒にいられると思っている。

授業が終わると、知恵はすぐに学校を飛び出した。電車がやけに遅く感じられ、車窓から見える赤く染まった空、それに映える建物やそこに見える人々が、わけもなく憎らしく思えた。

家に着き、ドアを開けるとそこに元気よくお出迎えをするルルの姿を想像していた。だが、そこには一人ソファーに浅く腰掛けている母佐知子の姿だけがあった。

「お母さん、どうだったの」

「入院させたわ。今日は検査して様子を見るそうよ」

「どこがいけないの」

「もしかしたら癌かもしれないって」

「え、どうして。そんなことってあるの。いやだ」

「犬もなるそうなのよ。でも手術をして助かることだってあるから、あまり心配しないようにって、獣医さんが言っていたわ」

「ルルは、どんな感じ?」

「注射を打ってもらったら少し元気になったみたい」

「私、病院に行っていい?」

「ダメよ、もう終わってるわ。後は獣医さんに任せるしかないでしょ」

それから三日後の土曜日、知恵は学校から帰ると、急いで病院へ向かった。昨日手術をしたことを知らされ、元気になったルルの顔を早く見たかったのである。

病院に着くと、獣医さんは知恵を檻に入れられたルルの所まで案内した。ルルは知恵を見ると立ち上がり、尻尾を振りながら近づいてきた。元気そうである。お腹の手術の後が痛々しい。それでも主人に甘えようとする姿に、知恵は今まで以上にルルのことをいとおしく思った。

「先生、ルルは治ったんですか」

「何とも言えないけど、患部は全て取り除いたので、後は体力の回復を待つだけですよ」

「そうですか。どのくらいで退院できるのですか」

「このまま順調に行けば、一週間くらいかな」

「ありがとうございます。ルル、また明日来るからね。がんばるんだよ」

知恵は檻の間から指を差し入れ、元気になったルルをしばらく撫でていたが、あまり興奮させて逆に具合を悪くさせてもいけないと思い、後ろ髪を引かれる思いで病院を出た。

知恵は食事をしているときも、寝るときも祈り続けた。そしてルルが元気になってまた一緒に遊んでいる光景を想像した。

翌朝、知恵は食事を早めに済ませ、病院に行こうとしていた。その時、電話が鳴り響いた。

佐知子が電話を取り、無言で聞いている。母の暗い表情に知恵は固まった。自分から何も言い出せなかった。ただ、佐知子が言い出してくれるのを待っている。

「そうですか、いろいろお世話になりました」

佐知子はそう言って受話器を置いた。

「お母さん、どうしたの」

「ルルが今朝死んじゃったの」

知恵はその言葉の意味を解せないでいた。頭の中には元気な姿のルルしか残っていない。嘘だ、何かの間違いだ、死んだように見えるだけで、すぐに生き返る、そう思い続けていた。絶対死んでいない、自分に言い聞かせながら病院へ走っていった。

病院に着くと、先生が何かを言っている。

「手術は、この子には耐えられなかったようです。急に黄疸が出て、今朝の六時に亡くなりました」

先生の言うことが聞こえない。知恵は檻から出されたルルが手術台に敷かれた毛布の上に横たわっているのを見つけた。死んでいるようには見えなかったが、半分開いた目に輝きがない、口元も多少歪んでいる、事実を受け止めざるを得なかった。両手で優しくルルを抱きかかえた。まだ少し温もりがあったが、ルルの体は力なくだらりとしている。

「ルルごめんね、ごめんね、私が悪かったの。赦してね」

「苦しまずに、ゆっくりと息を引き取りましたよ」

知恵はそれを聞いて急に涙がこみ上げ、溢れる涙を拭うことすらできなかった。

そんな知恵に、しばらく話しかけるものはいなかった。

病院から戻ると、父も母も知恵を気遣い、どうやって慰めていいものか苦慮していた。みんなも悲しいのであるが、ルルを抱きかかえながら自分の部屋に一日中閉じこもる知恵に、両親は気が気ではなかった。翌日になっても出てこなかった時など、佐知子は知恵を心配し、火葬にしないとそのままでは、ルルの亡骸が腐敗してしまうことを告げた。

知恵はルルを焼きたくないと言い、いつも一緒に遊んだ小高い丘に埋めるんだと言って聞かなかった。

秀夫は、知恵の心情を理解し、一緒にその丘に埋めようと言ってくれた。

季節も晩秋、落ち葉が舞う中、人目のつかない木立の中にルルを埋葬した。その丘は、知恵の部屋から見渡せる、ルルが眠る大きな墓となった。

第五章　別れ

1

秋が通り過ぎると一気に冬である。十月にはもうストーブの用意をしなくてはならない。当時はまだ石炭ストーブに頼っていた時代で、どこの家にも石炭をストックする大きなスペースが備えられていた。冬の準備のため、父はこのころから石炭を用意していた。

冬の気配を感じれば、子供達は本格的な冬の到来を待ち望むものである。冬にはスキーやスケート、かまくら遊び、雪合戦など、遊びがいっぱいある。

十一月頃、雪虫が舞うと、冬はもうそこまで来ていることを知らせている。雪虫は、「ぶよ」みたいな虫で、お尻に白い綿のようなものを付けてふわふわと飛んでくる。それはまるで雪が舞うような、きれいな光景なのである。ぶよより動きは緩慢なため、子供でも素手で簡単に捕えることができ、その虫の有り様を観察することができた。

私達がふわふわと舞う雪虫を追いかけていると、シロは私たちが何を追いかけているのかを見ようと首を左右にきょろきょろと振っていた。

そして初雪が舞うと、みんな冬の到来を歓迎し、すぐにスキーやスケートの手入れをしたものだった。

シロも冬の訪れを喜んでいるようで、子供達と一緒になって飛び跳ねていた。雪が積もった時などは、今までにないほど興奮して走り回る。子供と同じように、冬が一番好きである。特に子供達との雪合戦が一番のお気に入りなのか、自ら雪玉にぶつかるようにして口でうまくキャッチしていたものだった。雪の中のシロは、まるで闇夜の烏の逆のようで、ただ目と鼻だけが黒々と光り、こちらの様子をうかがっている表情を、みんなは楽しんだ。

実は、シロが私の家に戻ってきた時、私は再び家に入れようとした。シロは一旦は家に入るものの、また出たがる。やはり功一君が言うように外の方が好きなのか。様子を見るつもりでしばらく外に出してみた。すると、シロはいつものようにどこかに行ってしまい、そうかと思うと、気が付くと裏庭から家の中を覗いている。お腹が空くと戻ってくるようである。満足するとまたどこかに行ってしまう。私はだんだんこのようなシロとの関係が、自然なことと感じ始めていた。母や功一君の言うことが少しずつ理解出来ていたのかもしれない。

ただ、分からないことがあった。ときどき一週間、二週間といなくなることがあるのだ。最初はやはり心配したが、シロは忘れた頃に戻ってくる。シロとどんな関係でいるのが最善なのか全く分からず、私は考えることを放棄していた。子供の私には無理だったのかもしれない。

十二月は冬休みとクリスマス、そしてすぐに正月。子供達にとって、一年で一番贈り物の多い時期である。頭の中はそのことでいっぱいで、勉強も手につかない状態だ。私はしばしシロのことを忘れていた。

シロの住みかは一体何処にあるのだろう。以前、崖の中途に作った犬小屋も雪に覆われ、見つけ出せない状態であったが、シロは特にそれには不便を感じていないようで、雪の温かさをねぐらとしていたのかもしれない。そのためか、あちこち彷徨うシロをこちらから見つけ出すのが困難になってきていた。それでも不思議と、私たちの誰かがシロの名前を呼べば出てくるし、そうでない時でも、みんなが遊んでいれば知らないうちに仲間に入っているのであった。

そんなことも手伝ってか、シロの存在が薄くなってきていることを誰も気づかずにいた。シロに会えない日も、誰かが遊んでやっているとお互いに思っていたのかも知れない。

そして年は明け、正月が去って、冬休みも終わりに近づいた頃、北海道に記録的な寒波が襲来した。滝川は内陸なので、吹雪によって気温低下を招く。その日は大人達が話しているのを聞いて、マイナス三十五度だったと記憶している。

よく子供は風の子と聞くが、北海道に限ってそんなことはない。マイナス三十五度でなくとも、冬はとにかく子供でも寒い。毎朝布団から出るのがつらく、よく布団の中で着替えたものである。今ではセントラルヒーティングが全家庭に設備されているから、そのようなことはないと思うが、当時は石炭が唯一の燃料であった。ストーブに石炭をいれ、火をつけ、ゴーゴーと燃え盛るのを待ち、部屋中が暖まるまで一時間はかかったものだ。

その記録的な寒波の日、私はシロのことを思いだし、急に不安に駆られた。しかし、この状況では外に出ることはできない。まして外は吹雪いており、視界も相当悪いことが予想される。みんなに状況を確認しようにも連絡も取れない。私はただ暖かな部屋の中で、凍ったガラス窓につぶてのようにたたきつける雪を見ながら、シロの無事を祈ると共にシロのことを忘れていた自分を恥じた。

夜になると更に気温は下がり、吹雪も強まっていく。このすさまじい吹雪の中、シロはどうしているのだろう、うまく吹雪を凌いでいるだろうか、怖くはないだろうかと思いながら早く吹雪がやむことを願っていた。窓のわずかな外光に映しだされる樹氷のような木々の影、その狂おしく揺れるさまはシロの気持ちを表しているようで、私はしばらく息ができないほどであった。

夜は明け、吹雪はおさまった。

寝付くのに長い時間を要したようだ。それでも寝入ればすぐに朝、眩しい光と鳥たちのさえずりで目を覚まし、私は大きな深呼吸をした。シロのことが心配で居ても立ってもいられず、母の制止を振り切って外に出た。吹雪はやんだが、まだ気温はマイナス二十度と低い。雪もかなり積もり、歩くのにも苦労する。五～六メートルも行かないうちに、もう一歩も進むことができなくなり、近所の人達が雪かきをするまでは無理だと思って、一日引き上げることにした。みんなで一斉に雪かきをしたおかげで、昼前には近所のお店まで買い物に行ける程度になった。

心配してたのは私だけでなく、功一君や洋子ちゃん達も同様で、さっそくみんなでシロを探しに出かけた。探しながら和君は、これくらいの吹雪でもシロは大丈夫であることを自信もってみんなに話していた。彼のお父さんが言っていたことらしいが、犬はマイナス五十度でも大丈夫だということである。南極観測越冬隊の話を和君にしていたらしい。私も幼心に覚えている。タローとジローの物語である。感動的な話であるが、当時、私はなぜ越冬隊は犬達を南極においていってしまったのだろうと、疑問に思っていた。

大人になって、人間の命の方が優先するのは当然であり、危機状況の中での当事者の判断が正しいことも頭では分かっているが、未だに割り切れないものがある。そう思うのは私だけなのだろうか。

私たちは和君のお父さんの話を聞いてかなり気分が楽になった。そして、それはすぐにも現実になった。シロは元気でいた。両手両足を交互に雪に深く埋まりながら近づいてきて、何か大変なことでもあったのか、というようにキョトンとした顔でこちらを見ている。みんなもそうであろうが、昨夜あれほど心配したのに、シロの顔を見たとき安堵と同時に思わずみんな笑い出していた。長毛種であることの利点がここにきて活かされたのであろう。

それからみんなはシロのことをしばらくの間忘れていたことを反省していたが、元気な姿でいることに安心したようで、普段の生活に戻っていった。

今思うと、私も含めみんなも決して忘れたわけではないが、子供にありがちな飽きっぽさがあったのではないか。

二月ともなると冬の遊びに飽きる頃で、寒さにも嫌気がさし、春が待ち遠しくなる。

そして、別れの時が来た。

その別れは、あっけないものだった。シロが本当にいなくなったことに気づいたのは、一カ月近く現れなくなってからだった。今までは長くても二週間くらいで顔を見せていた。

その長さの不自然さに、洋子ちゃんは不思議そうに言った。

「タカちゃん、最近シロを見かけないわね」

私は少しびくりとした。意味もなくどぎまぎしている。それに構わず、彼女は続ける。

「タカちゃんの家にいるの？」

「いや、いないよ。あれからシロは家に入らないから」

「どうしたんだろう、シロ」

「また、ひょっこり現れんじゃないかなあ」

「そうね、シロは自由気ままな犬だもんね」

「そうなんだ、シロは自由が好きなんだ」

「もしかしたら、誰かいい人に拾われたんじゃない？　養豚場ではないと思うわ」

笑いながら、少し間をおいて話している。

「知ってる？　あの養豚場ね、あの後火事になっちゃって、どこかの土地に引っ越したんだってさ。いい気味だわ。ゴローじいさんの困り果てた顔を見てやりたかったわ。私に、あんなひどいことをして、罰が当たったのよ。タカちゃんもそう思うでしょ」

私は洋子ちゃんの話を、ただ下を向いたまま聞いているだけであった。心当たりを聞かれ、そんなことはない、と言い聞かせ、シロはそのうち姿を現すと信じていた。洋子ちゃんは不安顔で、しばらく私の顔を見ずにひたすら話していた。私は何も言わずにただ聞いているだけであった。

それから数日間、みんなでそれとなく探し回ったが、シロは見あたらず、ところどころの雪の上に、楽しく遊んだことを模様に描いたように足跡だけが残されているのみであった。更に数日が過ぎ、その模様もだんだんと薄れていき、雪が降った翌日にはついになくなっていた。

シロがいなくなって一カ月以上が過ぎた。ときどき、私はシロが以前ねぐらとしていた場所に出かけていたのだが、そんな私の様子を見て、母はたぶん他の町へ新しい友達を見つけに行ったのではと、探すことを諦めた方がよいと諭した。私も自分なりに言い聞かせた。このような形でずっとシロと過ごすことは出来ないであろう。この方が実はお互いのためになるのだと。後は、誰か心やさしい大人に拾われてくれることを祈るのみであった。

みんなも同じ考えなのか、次第に探すことをしなくなり、シロの話もあまりしなくなっていった。

しかし、私の心の中を、以前父が教え子に諭していた言葉が何度もよぎっていた。「逃げないこと、続けること」という言葉だ。これはシロとの関係において、私が見過ごしていたことだろうか。考えようとすると、心の中でそれを拒否する何かの力が働く。八歳の子供に自分を分析する力はない。シロはその時からそれに気づいていた。私は大人になって初めてそのことに気づくのである。

また、いつものようにみんなでスキーなどをして遊び始めた。ただ、ときどき誰ともなく、「いったい、シロはどこへ行ったんだろう」と、シロと遊んだ日々を懐かしむように言う。それを聞く度、私は最良の友を失ったような寂しさを感じる。というより、実は私は一つの罪悪感に取り付かれていたのである。

それは、私が原因でシロがいなくなったという事実だ。

2

「冬来たりなば、春遠からじ」

これは私が最も好きな故事の一つである。

北海道の冬は長く、春が来るのをじっと耐えて待つしかない。今でこそ温暖化などと言われ、昔ほど寒くはないが、その頃は十一月から四月の約半年間、雪に埋もれた生活であった。それだけに春が訪れたときの喜びはひとしおで、全てが輝いているように見え、耐え忍んだ甲斐があったと思っていた。

シロがいなくなって二カ月ほどが経ち、少しずつ雪は溶け、ところどころに黒い土を見せ始めている。

私は久しぶりに、一人でシロの仮のねぐらだった場所を探しに崖を降りていた。溶けた雪のせいでぬかるみ始めていたが、容易にシロのねぐらを見つけだすことができた。雪の重さで押しつぶされた段ボールの犬小屋が、半分出ているのが見て取れた。周りにはシロの抜けた毛と落とし物が、溶けかかった雪の表面に浮かんでいる。シロは時々ここに来ていたんだ、そう思わせる光景だった。陽に照らされた白い毛はそれほど汚れていない。シロはここから南の方角を眺めていたのか。その姿が想像される。それはシロが求めていた自由なのか。

シロは突然現れ、そして突然消えた。今思えばまるで何かはかない幻を見ていたようだったが、これらを見ることで現実だったことを確認し、どうしてあんなことになったんだろうと思い返すのであった。

それはささいな喧嘩であった。

ある晴れた日、二〜三日雪が降らなかったためか、雪の質がかまくら作りにはちょうどいい湿り気だった。新雪はサラサラして固まらないので、かまくら作りには向いていない。その日の雪質が良かったため、みんなでかまくらを作ろうと、それぞれスコップを持って集まった。

残念ながらシロは来ていない。

「タカちゃんとカズちゃんは、そっちの雪を持ってきて」

いつものように功一君が、指示した。

「僕とヒロちゃんは、こっちから運ぶから」

つまり左右から雪を集めて大きな塊を作るのである。洋子ちゃんは女の子なので、力仕事は男の子に任せ、自分は最後の仕上げをやるつもりでいた。男の子たちは雪集めを一時間近くもやったであろうか。大きな雪の塊が出来ると、崩れないように上からしっかりとスコップでたたくのである。大人でも大変な作業だが、四人の男の子たちで頑張って作っていた。

「ヨウコちゃんも見ていないで、手伝ってくれよ」

私はさっきから何もしないで、見ているだけの洋子ちゃんに少し腹を立てて言った。

「私、スコップ持っていないもん」

また例の調子だ。

「家にあるじゃないか、持ってこいよ」

普段なら、洋子ちゃんに対しては気を遣って話すのだが、このときばかりは正しいのは自分であることを確信していたので、少し強い言い方になっていた。すると案の定、洋子ちゃんの逆襲が始まった。

「何よ、男のくせに女の子にやらせるの」

洋子ちゃんは、男兄弟がいないせいか、男から命令されることを嫌うのである。そして、立て続けに憎たらしいことを言い続けた。

「偉そうなこと言って、タカちゃん、一番雪を運んでいないじゃない。コウちゃんが一番頑張ってるわよ」

「そんなことないよ、何でそんなことが分かるんだよ」

ああ、言うんじゃなかったと思いながら私は言った。すると功一君が二人を見て、リーダーらしく言う。

「ヨウコちゃんには中を掘るとき手伝ってもらうよ」

功一君は、後でたっぷりと働かせるという意味で言ったのだが、彼女は何を勘違いしてか、得意げに続けた。

「ほらみなさい、コウちゃんが一番男らしいし優しいわ」

私はもう言うのは諦め、黙って作業にとりかかった。ざまあ見ろ、と言わんばかりの洋子ちゃんの顔を見て、腹立たしい気持ちを抑えきれずにいた。

だいぶ雪の塊が固まってきたので、中をくり抜く作業に入った。今度もさぼるのなら何かを言う構えでいたが、洋子ちゃんはちゃんと仕事をしていた。その時から方法は何でもかまわない、とにかく何かしてやりたい気持ちだった。

だいぶ中もくり抜け、かまくらはようやく完成へと近づいてきた。後は中の雪をならし、きれいな球面に仕上げるだけだ。みんなが入れるぐらいの大きさに仕上がった内部で、洋子ちゃんが最後の仕上げとして、壁面にロウソクを立てる台を作っていた時である。

洋子ちゃんに対するむしゃくしゃした気持ちは、実はだいぶ収まっていたのだが、私はほんの軽い気持ちで、雪玉をロウソクの台にぶつけて壊してやろう、そしてみんなで笑ってやろうと思い、雪を固めて投げつけた。するとどうだろう、雪玉は思いのほか強く彼女の顔面にぶつかり、乾いた音を立て炸裂したのである。そのとたん、男の子たちは一斉に笑い出した。そこまでは計画通りであったが、その後意外な展開になったのである。

しばらく洋子ちゃんは冷静を保とうとしていたが、みんなに笑われたことに対する怒りと同時に、女の子の顔を狙われたことが悔しかったのか、しくしくと弱々しく泣き出したのである。そこにいる洋子ちゃんは、いつもの気の強い彼女ではなく、か弱い女の子に変わっていた。

私は申しわけないと思いつつも、いつもの気の強さを見せてほしい、そうすれば救われる、そんな気持ちになっていた。功一君や和君、そして浩君、みんなは笑うのをやめ、「ああ、やっちゃった」という表情をしていた。

弱いものいじめをする卑劣な男にされた気分であった。

功一君が、「大丈夫?」と一言言うと、彼女は、一所懸命に涙が出るのを堪えようとして、しゃっくりのような震えが止まらないでいた。シロが養豚場に連れて行かれたときの涙とは違うことは分かった。洋子ちゃんは何も言わず、ゆっくりと歩き去っていく。その後を追っかけて謝りたい気持ちであったが、なぜかそれが出来なかった。

その日は、適当に男の子たちでかまくらの中で遊んだ。何をして遊んだか、私は覚えていない。

翌日、謝るつもりで洋子ちゃんの家に向かった。しかし、なかなか勇気が湧かない。雪道を行きつ戻りつしていると、シロが向こうから、いかにも「遊ぼう」という風にやってきたのである。この時シロに会ってさえいなければと、しばらく後悔したものだ。

私は気をまぎらわせようと、しばらくシロとじゃれていた。雪を投げてからかったり、シロを抱きかかえそのまま柔らかい雪の上にジャンプしたり、走って逃げたりと、知らず知らずのうちに、お互いに興奮して遊ぶことに熱中していた。あの空知川で遊んだのと同じ光景である。特にシロは、抱きかかえて雪の上にジャンプしてもらうのが楽しかったようで、私も何度もしつこく繰り返していた。その都度、シロは歯をむき出して私に突進してくる。

そんな繰り返しがどのくらい続いたであろうか。気がついたら、シロの牙が運悪く私の左手の親指と人差し指の間に食い込んでいたのである。すぐさま口から手を離したが、激痛に手を押さえうずくまって、私は叫んでいた。

「シロ、なんてことすんだよ、おまえなんか嫌いだ、あっちに行ってしまえ」

シロに悪気はないことは分かっていた。ただ、その時の私は、昨日の件でみんなが遠ざかってしまうように思われ、更に、ここのところのシロの行動を理解できないでいたことに加え、咬まれたことで裏切られたような気持ちになったのだろう。

シロは、私の言ったその言葉で、何度も後ろを振り返りながら雪の中へと消えていった。

その夜、私は風邪に似たような熱を出し、寝込んでしまった。夜中気づくと、左の肩から指先まで腫れていた。咬まれたところから血が出なかったせいか、バイ菌が入ったのかも知れない。狂犬病になったらどうしようかと思ったが、それが分かったらシロはおしまいだと思い、とにかく風邪で押し通すことを決心していた。

　明日、本当に洋子ちゃんに謝ろう、そしてシロにもちゃんと謝ろう、そう思いながら熱と腕の痛みをこらえながら、私は夜明けを待った。

　その後、洋子ちゃんには何とか謝ることができたが、シロに謝ることはついにかなわなかった。

　傷を負った手は、腫れもひいて次第に良くなった。面白いことに、左腕全体からまるで蛇が脱皮したかのように皮が剥け、新しい腕が現れたような感覚であった。

　しかし、シロに関しては傷は癒えず、新たな展開も見えてこなかった。

　シロの仮住まいとなっていた壊れた段ボールの犬小屋を見ながら、自分が犯した罪をどうすれば償うことができるのか分からず、しばらくそこに佇んでいた。今にもひょっこり、あの笑ったような顔で出て来てくれないものかと祈っていた。思い出されるのは、私が叫んだ時の、振り返りながら去って行くシロの寂しそうな顔である。もう二度と会えないのか。シロが咬んだ傷跡を眺めながら、私はその場を後にした。

3

春が来て、私は九歳になり、みんなも新学年を迎えた。

五月の桜が咲き、これからどんどん暖かくなる。一年前のシロとの出会いを思い出す。乾いたさわやかな風が新緑に躍動感をもたらしているのに、ふと今までのことが心をよぎり、初夏の風を冷たく感じる。

その年も同じ季節が繰り返され、その度に私はシロを思い出していた。

シロとの出会いは、五月。初めはお互いに遠慮していた。春から夏にかけ、鬼ごっこなどをして遊んだ。夏は盆踊りや肝だめし、そして忘れもしない、あの空知川事件に養豚場事件。秋は一緒になって赤トンボを追いかけ、冬は雪合戦、かまくら作り、そして最後は、別れ。

こうしてシロのいない一年が過ぎ、私は時の流れに少しずつ癒され、忘れることができるようになっていたのかもしれない。また、その頃には、ジュリーに負けない体力もついてきており、散歩にも連れ出せるようになった。相変わらず母の言うことしか聞かないが、次第にシロの代わりのような気にもさせてくれる。ジュリーはシロとは種も違い、体もかなり大きい。しかし、シロにしたのと同じように雪を投げてからかったりすると、シロと同様の反応が返ってくる。

なんと、いじらしいことか。そのようにして、私は救われていく思いを味わっていたのだと思う。

再び年が明けた二月頃、私たち家族は父の仕事の関係で、急に北海道を去ることになった。現在私が住んでいる横浜へ引っ越すことになったのである。北海道から横浜へ、田舎から都会へ。北海道を去ることにあまり寂しさを感じることなく、むしろ都会へ行くことにわくわくしていた。テレビで見るような高いビルに囲まれ、その間を超特急ひかり号が走る。人も多く、札幌とは比べものにならない巨大な近代的な都市をイメージしていた。早くそんな都市を見てみたい、目の前でひかり号を見てみたいという思いの方が強く、寂しさはあまり感じなかったのだろう。

私はすっかりシロの痕跡がなくなった滝川神社や池、サイロなどを一人で目的もなく歩いていた。

知らないうちに、何かを探している。全く何も見つけだせない。思い出すこともできない。悲しもうとしても、悲しむ理由が出てこない。これはどうしたことなのか。空虚という言葉はまだ分からない、心の中のどの状態を指すのかも分からない。たぶん初めてその時、言葉より先に経験したのだろう。

引っ越しの前日、功一君、和君、浩君、そして洋子ちゃん達と最後の別れを惜しんだ。必ず手紙を書くこと、また会えることなどを約束しあった。少し寂しげな洋子ちゃんにいつもの口調はなく、ただ私を見つめているだけだった。

その夜、私と姉は家財全てが運ばれて何もない暗い部屋でロウソクをともしながら、ジュリーと一緒に両親の帰りを待っていた。ジュリーは何かを察しているのか、不安げな表情をしていた。もちろん、ジュリーも一緒に横浜へ行くのだが、人間と一緒に行けないため、別便で運ばれることになっている。ただ可哀想だったのは、私たち家族はその夜知り合いの家に泊まり、翌朝汽車に乗り込むというスケジュールで、ジュリーは何もない、誰もいない暗いこの部屋で一夜を過ごさなくてはならなかったことだ。私たちが汽車に乗る頃、父の同僚の人がジュリーを別便で送るためこの家に引き取りに来るという手はずであった。私と姉はジュリーに、それまで辛抱しろよ、と話しかけたものだった。

滝川から函館本線に乗って函館まで行き、青函連絡船、東北本線と乗り継いで東京に着く。どのくらいかかったであろうか。まる一日かかったように記憶している。昼近く、父の同僚達や母の親戚の見送りで滝川を発ち、函館に着いた時はもう暗くなっていた。

青函連絡船との乗り継ぎの時間は短く、ライトに照らされた桟橋を母に手を引かれ船まで一緒に走ったことを今でも覚えている。

蛍の光が流れる中、汽笛の音と共に船は埠頭をゆっくりと離れていく。埠頭には多くの見送りの人達が集まり、紙テープを握りしめながら手を振っている。

私たち家族はデッキに立ち、その光景を眺めていた。船はやがて紙テープが切れ切れになるほど離れ、埠頭の明かりが小さくなっていく。その光の集団がやがて小さな点となり、暗闇があたりを覆い始めた。うっすらと遠くに輪郭となって見渡せる小高い山々が小さくなっていく時、北の大地と友達、そしてシロと、本当に別れることを改めて思い知らされた。私は初めて涙がこみ上げ、声を出すことなく泣き続けた。

それから二十年近くの間、私は北海道の土を踏むことはなかった。

二〇〇一年　春

ルルが死んでから半年が経ち、季節は春めいて暖かさも増してきた。

今でも思い出すと辛くなるが、知恵は当初よりは立ち直っている様子だ。たまにあの丘に花束を持って行き、明るく帰ってくる。

そんな知恵を見た秀夫は、ある決意をした。それは、また犬を買ってやることであった。佐知子は反対である。それでも秀夫はある時佐知子に言った。

「そもそも知恵に犬を買い与えたのは、生き物を大事にすることの大切さや命の尊さを知ってもらうことだったよね。それに管理することの大変さも。それはここで終わるものではないような気がするんだ。知恵はもう十四歳になるだろう。学ぶことはいっぱいあるはずだ。犬が好きならそれを続ければいい。それに、いつまでも思い出しては悲しむより、新しい友達ができてもいいんじゃないか。そうすれば、この家もまた明るくなるじゃないか」

久しぶりの秀夫の助言で、佐知子も納得し犬を買うこととなった。

知恵の方はというと、最初は犬は欲しくはないなどと言っていたが、ペットショップに連れられて行くと、夢中になって選んでいた。やはりミニチュアダックスフンドに目がいく。ルルのようなチョコレート&タンではなく、ロングヘアのシルバーダップルを買うことに決めた。

知恵は本当の意味で元気を取り戻し、毎日を楽しく過ごしていた。ルルの教訓を活かし、健康管理には十分配慮するようになった。

ルルと一緒に歩いた遊歩道へ新たな友と向かっている。幾分かの悲しみがこみ上げてくるが、どんどん癒されていくのを感じている。桜も散り、春から夏に向かおうとしている季節だ。今日は晴れ渡り、昨日までの雨のせいか、所々に水たまりができている。木々も充分水を吸収したのか、より青々としている。

そよ風に揺れる草木が、新たな生命の誕生に拍手を送っているようだ。何もかもが新しく生まれ変わる。心の中に「ルル」という墓碑銘を刻み、それが自分にとって強く生きていく支えになっているのを感じている。

大きく深呼吸をし、精いっぱい太陽を仰いだ。

遊歩道が終わり、家に帰る途中で知恵は雑貨のお店を発見した。少し気になったが、その日はそのまま通り過ぎた。

次の日曜日、再びそのお店の前を通り、今度は入ってみることにした。

第六章　犬達の系譜

1

この四十四年間、私は様々な犬達と出会った。シロを始め、サンタ、ジュリー、メリー、リリー、レオ、ボニー……。それぞれ犬種は違う。数え上げれば三十四ほどになると思うが、それと同じの数の別れがあり、同じ数の墓碑銘が心の中にある。

そして、自分の未熟さ故に、彼らに満足のいく生涯を送らせてあげられなかったことに申しわけない気持ちになる。犬達のことを思い出すと、大人になった今でも目頭が熱くなる。

サンタは狆《ちん》で、私が最初に犬の死に直面させられた犬である。初めて生き物の死を見た。まだ子供だった私は、言い知れぬ不条理を感じたものである。五歳のサンタは、外に繋いでひなたぼっこをさせていた時、何者かに毒の入った饅頭を食べさせられ、苦しみながら若くして死んでいったのである。家族みんなで泣いたことは今でも忘れない。

ジュリーは北海道から一緒に引っ越してきた犬だ。子犬だったジュリーが最初に家に来た夜、布団の中に入れて一緒に寝たときの温もりは、今でも感じることができる。

ジュリーはたぶん今までの犬の中で、一番穏やかで賢かったように思う。それはシロと同じくらいかも知れない。めったに吠えない犬であったが、母があまり好きではない人が家に訪問してくると、唸りながら吠えていた。母の気持ちを理解していた。

そんなジュリーでも、たった一度牙をむいたことがあったらしい。引っ越しの際、ジュリーを父の同僚に預けるために、あの夜暗い部屋に一人きりにした。翌朝同僚の人がジュリーを引き取りに家を訪れた時、ジュリーは吠えながら牙をむきだし、危険な状態であったという。そのため、ジュリーは予定より一週間ほど遅れて横浜に着いた。駅の荷物保管所で、小さな檻に入れられたジュリーを発見したとき、初めて興奮したジュリーを見た。

ジュリーは十二年の生涯であった。

メリーの生涯には、私は満足している。ジュリーと同じコリー犬だが、チョコレート色の毛に覆われた品種である。ジュリーとは正反対で、今までの犬の中で一番頭の悪い犬であったろう。躾けるのがどんなに大変だったことか。食いしんぼうでよく吠え、言うことをほとんど聞かない。

ある時、高校生だった私に、すぐ帰ってくるよう母が学校に電話で連絡をしてきた。何か一大事でもあったのかと、急いで帰宅するとメリーがいなくなっているというのである。どこに行ってしまったのかも分からないまま探しに行こうとしたら、家の前の道路の向こうから、メリーらしき犬が重い足取りで歩いて来るではないか。

メリーの名前を呼ぶと、急ぐこともなく重い足取りのまま私の前を通り過ぎ、自分の小屋に入っていった。メリーの体をよく見ると、体中に枯れ草がたくさんついている。そして、もっと驚かされたのは、お腹がパンパンに膨れ上がっていたことである。メリーはメスだが、一晩で妊娠するはずもない。食いしんぼうのメリーは、どこかの残飯を食べたか、誰かから餌をもらったかしたのだろう。今までにない満足そうな顔をしている。

そのメリーがフィラリアで死んだ時、二十歳になっていた私は、動物病院の中で人目をはばからず大きな声を出して泣いてしまった。できの悪い犬ほど可愛いのか。その姿を見た獣医さんは、治療費を請求しなかったそうだ。

メリーと共に過ごした時間は最も長く、私の思春期の助けともなっていた。世話を焼いたことと思いっきり泣いたことで、今では満足しているのかもしれない。

マルチーズのリリーは、人間でいうとモデルのような美人であった。レオはそのリリーの子供。実は私が中学生の頃、母はマルチーズのブリーダーをしており、家には多い時で十四〜五匹ぐらいの犬がいただろうか。レオはそのマルチーズのグループのリーダー的存在で、正義感の強い犬であった。お客さんが来て帰る頃、ドアを開けて後ろ向きになった隙に、レオはお客さんのお尻によく咬みついたものだった。小型犬であるため、外傷ができるほどではないのだが、その後よく母は謝りに行っていた。家にいるリリーの最後の子孫も、一年前に二十歳の大往生を遂げた。

　ボニーのことを思うと、私はとてもつらい。酔うと時々思い出しては泣き出すこともある。ボニーは、メリーが亡くなったことで私がペットロス症候群状態に陥っているのを見て、買ってくれたボルゾイである。ペットロス症候群に対処するにはペットをまた飼うことだと母は知っていた。ボニーはとにかく足の速い犬で、私と五百メートル離れていても、すぐに追いついてきた。

　ボニーが八歳の頃、私は結婚し、後ろ髪を引かれる思いで家を出た。結婚後もひと月に一〜二回は実家に行き、ボニーを散歩に連れ出していた。しかし、だんだんと仕事が忙しくなり、なかなかボニーに会えなくなっていった。そんな年月が過ぎ、ある日母からボニーの具合の悪いことを知らされて実家に戻ると、ボニーは自力で立てない状態になっていた。牛乳をあげ、良くなってほしいと祈りながら頭をなで、自分の家に帰った。その途中、ズボンの革のベルトが切れた時いやな予感がしたが、次の夜、ボニーの死を知った。結局私は何もしてあげられなかった。立つことが出来ずに尻尾を振りながら、私があげた牛乳を飲んでいたのが、私が見たボニーの最後の姿となった。部屋を出る時、別れを告げるかのように私を見つめた表情は、生涯忘れることは出来ない。

　それから十年近く、私は犬と共に暮らすことはなかった。

シロから始まり、ボニーで終わったのだ。

シロに関して、実は後日談がある。私が北海道から横浜に越して二年くらい経ってから、母と北海道の懐かしい思い出話をしていた時だ。友達のことやシロのこと、そして養豚場での事件のことにも触れた。あの時、シロはどうやって養豚場から脱出したのか。

母は意外な顔をしたが、それから笑って言った。私も笑いながらさらに驚いたものだった。

当時、私がシロのことで落ち込んでいたのを見た母が、私の父に何とかしてくれるように頼んだのである。父は同僚の高橋さんの車で養豚場に行き、シロを何とか引き取ったらしい。そして帰り道、私達がいるのに気づき、そこからシロを放したのだ。思い出した、私達が逃げる時にすれ違った車は、高橋のおじさんの車だったのだ。そして、シロの後ろの方にいた人影は、父だったのである。帰り道で車に乗せてもらったのは偶然ではなかった。父は一人でバス停まで歩いて帰ったらしい。私は父のそんな粋な行動に感心した。

ゴローじいさんというのは、実はそんなに恐い人ではなく、犬好きでひょうきんな人だと言う。彼の息子が私の父の教え子ということもあって、シロを引き取るのも苦労はなかったらしい。母の話によると、私達はゴローじいさんにからかわれていたらしい。それにしては、実に真に迫っていた。私には恐かった記憶しかない。大人の軽い言動でも子供にとっては重大であることを分かってほしいものだ。

いずれにしても、ゴロージいさんはシロをやはり番犬として飼いたかったようで、豚の餌にするというのは全くのデマだったわけだ。風貌と少し変な行動が、子供達からは鬼のような存在に見えていたのだ。

また、洋子ちゃんが言っていた養豚場の火事の件に関しては、やはり本当で、大変だったそうだ。ゴロージいさんはかなり困り果てていたが、住民達の寄付金で他の町で養豚場を始めたらしい。洋子ちゃんは恨んでいたが、私としては同情したい思いになっていた。

それからしばらくすると、タイミング良く洋子ちゃんから手紙が届いた。それまでも、ハガキで連絡を取っていたが、手紙は初めてであった。その内容に、私はまた驚かされることになる。

タカちゃん、お元気ですか。

私の方も変わりありません。コウちゃん、ヒロちゃん、カズちゃん、みんなも元気ですよ。今年はみんな六年生ですね。何か大人になった感じですね。このあいだ学生服を着たコウちゃんを見たんだけど、とっても格好良かったよ。お兄さんになったみたい。ますます近寄りがたくなるのかな。もう一緒に遊んでくれないかもしれない。みんなで神社や用水路で遊んだ頃が懐かしいです。

あ、そうだ。実は、タカちゃんにすごいことを伝えたかったんだ。ハガキだと書ききれないから手紙にしました。

このあいだの冬休みのことなんだけど、私達家族で親戚の家に遊びに行ったの。その親戚は美唄にあるんだけど、そこで親戚の子や近所の子供達とスキーなどをして遊んでいたの。その中に、自分の家には沢山の犬がいることを自慢している女の子がいてね、スピッツを飼っているって聞いて、たまらなくなって見せて欲しいと頼んだの。シロのことがあったから、懐かしい気持ちでいたんだわ。

その女の子に連れられてみんなで行ったの。その子の家は、私の親戚の家からすぐの所にあるんだけど、小さな牧場を持っていたわ。行くとね、牧場は雪で覆われていたけど、家の回りで沢山のスピッツの子供が遊んでいたわ。みんなシロに見えたくらい。

その時なの、私が子犬を抱いていると、家の中から親犬らしき大きな犬が出てきたんだけど、私その顔を見た瞬間シロに違いないと思って思わず呼んじゃったの。

そしたらね、どうなったと思う。シロだったのよ。シロも私が呼ぶとすぐに分かったみたいで、飛びついてきたわ。すごい再会だと思わない。立派な大人になっていたわよ。

それで私はその子のお母さんに、シロと滝川で一緒に遊んだ時のことを話したの。

そしたらいろいろなことが分かったんだよ。シロはやっぱりこの家で生まれて、数カ月してよその人に貰われていったんだって。人を介してだから、誰だか分からないらしいけど、二年位してから、シロがこの家に突然戻ってきたんだって。体中泥だらけだったから、野良犬かと思ったみたい。でも目を見た時シロだって分かったんだって。

シロは飼われた先で大事にしてもらえなかったんだろうと思って、この牧場で育てることにしたらしいの。だからここにいる子犬達はみんなシロの子供なんだって。面白いでしょ。

私ね、タカちゃんが怪我した時のことや、養豚場事件のことを話したのよ。そしたらおばさんにすごくうけてね、大笑いしていたわ。この町でもシロの賢さは評判みたいよ。子犬達もきっと賢い犬になると思うわ。私も犬を飼いたくなったけど、もう少し自分が大きくなったら、飼おうかと思っているのよ。

タカちゃん、今度こっちに来ることがあったら連絡ちょうだい。シロの所に案内してあげる。

それじゃ、その時までさようなら。

追伸
シロの本当の名前なんだと思う。ポンタって言うんだって。何か、似合わないよね。


シロが見つかったのである。

今ではブリーダーというのがあるが、その牧場では、そのようなことをやっていたのだろう。洋子ちゃんは最後に、シロはやっぱり生まれた場所に戻ることが一番だと付け加えていた。私もそう思った。家にいたシロが時々いなくなったのは、そこに戻っていたのかもしれない。

私の一言でいなくなったのは否定できないと思うが、今にしてみれば、シロは別れるタイミングを計りかねていたのではないだろうか。当時はそう思うようにしていた。シロに無性に会いたかったが、まだ小学生の私にはかなわないことであった。けれども心に温かいものがこみ上げ、安らいでいく思いがした。そして、自由気ままに牧場で飛び跳ねているシロの姿を想像した。

ともかく、罪の意識が少し和らぐ思いであった。

それからしばらくの間、洋子ちゃんを始めみんなと連絡を取り合っていたが、次第に疎遠になっていったのである。

2

ボニーが亡くなって三カ月が過ぎようとしていた。心の中を、重苦しいものが未だに支配し、私はボニーを思い出しては人知れず泣いていた。

そんな時、仕事で札幌に行くことになった。気分転換にはちょうど良かったようだ。羽田から飛行機に乗る時は、かなり緊張していたことを覚えている。仕事に対する緊張ではなく、二十数年ぶりに北海道の土を踏むことに対するものだ。十歳で北海道を離れ、三十歳を過ぎてようやく戻ることができる。

あわただしく座席シートのナンバーを確認して腰を下ろした。窓際である。離陸まで私は目を瞑《つぶ》っていた。札幌や滝川に会える。一時間半もすれば、自分は北海道の大地を踏みしめている。そう思うと、瞑想したい気持ちだったのだ。

いつ出発するのかとじらされる思いの私を乗せた飛行機はゆっくりと滑走路に向かった。急にエンジン音が高くなり加速を始めると、体に感じていた車輪の振動が消え、遂に離陸した。すぐにも東京湾の全貌が見渡せ、走っている車、湾に浮かぶ貨物船がだんだんと豆粒のように小さくなっていく。機体はしばらく上方に向かい、雲を突き抜けると陸地は見えなくなった。時々、雲間から陸地が見え、本州を北上しているのが分かる。

離陸してから一時間ほどが過ぎたか、機体は下降し始めた。すると、機内アナウンスと共に北海道の陸地が見えてきた。飛行機が徐々に高度を下げるにつれて、北海道特有の形をした家々が見えてくる。するともう私の胸は高鳴りはじめた。何処の町だかよくは分からなかったが、それだけで私を興奮させるには十分であった。秋を過ぎもうじき冬となる時季だろうか、眼下には紅葉した森林が絨毯のように拡がり、ほとんど日本ではないような気がした。何処か外国にでも向かっているような錯覚に陥る。羽田から一時間半程度で千歳空港に着いた。あの頃は一日かけて滝川から東京に着いたものだが、こんなにも速いと、あっけない感じである。再会までの時間をもっと楽しみたかった。

飛行機からそのまま到着ロビーに着くと、そこから札幌駅に向かうバスに乗るのだが、外に出た時、私は二十数年ぶりに北海道の空気に触れたことを実感した。懐かしい乾いた香りが、全身を包み込んでいる。私は三十歳を過ぎていたが、あの頃の少年時代に戻っていた。ここは千歳だが、滝川のようにも感じていたのだ。早く滝川に行きたかった。

札幌は、思った通り近代化されている。札幌オリンピックを機に、より都市化させたのだ。高いビルが建ち並び、人も多い。横浜より都会のような感じだ。馴染みの時計台、大通公園、テレビ塔、それらは変わることはない。しばらく札幌の街を歩いた。時々晩秋の風が顔に吹きつける。この感触、この温度、北海道の空気だ、滝川からの風だ。

仕事には二日間を要したが、あらかじめ土曜日には終えるように計画を立てていた。日曜日をプライベートに使いたかったからである。仕事を終えると、翌日の日曜日にはホテルをチェックアウトし、私は札幌から旭川行きの電車に乗った。札幌～旭川間は既に電化されている。機関車だった頃が懐かしい。

電車の中は人もまばらで、私は右側の列の窓際の座席に座った。電車が発車した。最初はゆっくりと車体を左右に揺らしながら進む。札幌の街の中を縫うようにして走り、次第に住宅地に入っていく。

私は二十数年前の光景を一所懸命に思い出そうとしていた。私が乗った電車は特急であったため、いくつかの駅を停まることなく通過している。通過する度に駅名を読みとろうとした。駅を通過すると、また田畑や牧場が拡がる。

人の手でなされたもので、昔そのままのものを見つけだすことは困難である。しかし、地形はまだ変わっていないことが分かると、母なる大地に抱かれていくのを感じた。私は身動きもせず外の風景を見ていた。時々、遠い記憶の中にあるものが飛び込んでくる。滝川に近づくにつれて見覚えのある町並みや牧場が増えてくると、もう興奮を抑えることが出来ない。目頭が熱くなっている。

電車は岩見沢にいったん停まった。岩見沢に格別の思いはないが、滝川が近いことを示している。そして美唄。シロが生まれ、生涯を終えたであろう町だ。

それらの駅を通過すると、車内アナウンスはもうすぐ滝川に到着することを告げている。電車は左に大きくカーブし、視界に滝川の街並みが見えてきた。二十数年ぶりで、遂に滝川に戻ることが出来たのだ。

滝川駅は変わっていなかった。車窓から見えるホームや、赤錆で茶色く変色している柱、そして待合室。故郷は小さく見えるというが、まだその実感は湧いてこない。

私はとにかくゆっくりと駅から出た。駅前にロータリーがあり、その左手の道路を入ると商店街へと続く。見覚えのあるお店を見つけることが出来た。幼い頃見たそのお店は、新しいイメージでしか記憶していなかったが、今では古びた佇まいを見せている。両隣の新しいお店に挟まれ、よけいに長い年月の流れを感じさせる。三百六十度、周りをぐるぐる眺めながら、ゆっくりと歩いていく。懐かしさを噛みしめたかった。しばらく進むと、あの当時そのままの名店ビルが見えてきた。最上階には映画館があり、夏休みに友達と『モスラ対ゴジラ』の映画を見に行ったが、今は当時の華やかさはなく、かなり老朽化しているようだ。その周りには、横浜でも見かけるコンビニエンスストアや、最近流行りのブランド店があった。やはりここにも時代の流れはある、そう思いながら歩き、その商店街を抜け、私は一の坂町へと向かった。

一の坂町に向かう坂に差しかかった。根室本線が下を通る陸橋の上を通りかかると、下を電車が走っている。和君と一緒に銭湯に行った帰り、この陸橋から機関車が通るのを二人で待っていたのを思い出した。機関車が汽笛と黒煙を吹き上げ陸橋を通ると、二人は煙に包まれ、はしゃいでいたものだった。家に帰ると顔を真っ黒にした私を見て、母はよく怒っていた。陸橋の下を見ながら、今、私は思い出し笑いをしている。

坂の上を見上げると、滝川神社の鳥居が見える。ゆっくりとその全容が明らかになるのを見守りながら歩いた。鳥居の前に立つと、すぐのところに境内が見えた。意外と短い距離だったが、そこで初めてその神社の小ささを感じ、故郷を実感した。

私は境内に向かい、縁の下を見た。無意識にシロの痕跡を探そうとしていたが、無意味であることをすぐに諭され、次には思いついたように左側の道を小走りに降り、池を探していた。生い茂る木を避けるのに中腰になるほど低い茂みであったが、それらをかき分けると、光を反射する微かな水が見えてきた。なんと小さかったことか。池というより、水たまりほどにしか見えない。ここで幼い私達とシロは遊んでいたのだ。

スーツ姿の大人がその小さな池に佇んでいる。不釣り合いな景色であったかもしれない。失われし時がもたらす情景、呼びかけるものはもはや無い。子供時代の憧憬とは、かくも物悲しいものなのか。シロとあの頃の友達がここに存在したのか。目の前に幻のような映像を投影しようとしたが出来ない。大人になった自分をうらめしく思う。

私は次に期待した。それは、坂を駆け登り神社の反対側の坂を下り、サイロを見つけることである。しかし、坂の上に立ってから、私の足は前に進むことはなかった。目の前に広がる光景は、サイロや牛舎、ポプラ並木ではない。住宅地がそこには広がっていた。

滝川神社を後にする。一の坂町の、自分が住んでいた公務員住宅を見つけるのは、体が覚えているとおりであった。そこは何も変わっていない。元々あの頃から新しい建物ではなかったため、そこだけはほとんど変わっていない。だが周りにはマンションが建ち並び、洋子ちゃんの家も見つけることが出来ない。通りかかった人に聞くと、この公務員住宅も来年には取り壊され、新しいマンションが建てられるらしい。

そこだけを見ていると、私は八歳の子供に戻れる気がした。でもそれは無理であった。既に水田や用水路もなく、剛史君のサイロや牛舎もない、友達も何処にも見つけだすことが出来ない。ただこの公務員住宅だけが、化石のように佇んでいるだけのように見える。あの時の思い出は、もはや化石のようなものなのだろうか。

みんなとシロと遊んだあの日々、その面影を残すものも、もはや無くなる。なんと残酷なのだろう。時の流れは全てを引き離すのだ。何処に思いを寄せ、頼ればよいのか。自分が育てられた土地、そこには今の自分を受け入れる器量がないのか。故郷はそんなものなのか。こんなにも白々しく私を出迎えるものなのか。

功一君、和君、浩君、そして洋子ちゃん、ふとそこから現れてほしいと思った。しかし、誰の所在も分からないし、自分の記憶の中にしか存在していないのだ。この滝川は、自分が過ごした滝川なのだろうかと、私は空知川、養豚場があった場所なども訪ねた。何処も、私を裏切るものだった。シロが生まれ育った美唄もこのようになっているのだろうか。シロの子孫はどうしているのだろうか、そしてその牧場は。青い空を見上げながら、私は滝川に来たことを後悔し始めていた。

来た道を滝川駅に引き返すように足早に歩きだした。養豚場へと、みんなとシロを救出するために歩いた国道である。この両脇も住宅地になっている。戻るのにまた同じ光景を目にしなくてはならないつらさを噛みしめながら、俯きかげんで歩いていた。

その時、住宅地の中にある公園で犬と遊んでいる家族を見かけた。父親とその子供の小学校低学年くらいの男の子が、大きなラブラドールとボールを投げたりしながら遊んでいる。横浜と変わらない風景である。

高度経済成長を遂げ、日本は豊かになった。中央も地方も均等な富の分配がなされている。今はバブル崩壊後の時代、経済の老年期に来ているが、北海道の経済は特に厳しい状況にあると聞く。親子と犬の遊んでいる姿を見つつ、私はそんなことを考えていた。

するとボールが私の足元に転がってきた。父親が投げたボールを取り損ねたのか、私を目指して犬が走って来る。大きく開けた口から長い舌を垂らしてやってくる。足元のボールを取ってあげようかと迷ったが、その犬の仕事を取ってはいけないと思い、そのまま様子を見ていた。犬はすぐに私の手前二メートル位の所まで近づき、涎だらけの口でボールをくわえると主人の待つ公園までなだらかな道を駆け登っていった。道の両側の風に揺れるススキの間を、土煙を上げながら二百メートル先に見える主人めがけて勢い良く走って行く。昼過ぎの陽射しはススキの穂と駆けていく犬の背中を銀色に照らす。その横では子供が笑いながら何かを叫んでいた。とても微笑ましい。

私は犬が駆けていったなだらかな坂をまじまじと見つめていた。何処でも見かける光景に、なぜか懐かしさを感じたのである。しゃがみ込んで土の感触を手で確認してみた。横浜の黄土色のそれとは違い、黒々としている。子供の頃泥いじりをした時と同じ土の感触が伝わるのが分かった。大人になって土いじりをする機会はなくなったが、あらためて触ってみるとその土と同化していく気分に浸れた。ゆっくりとススキの穂が送る乾いた空気は頬を撫で、その土の匂いを鼻腔に送ってきた。そうだ、私が北海道に降り立った時の空気、滝川の空気の匂い、土の色、その感触、丘の並木、紅葉、そして、道の脇に生えている雑草やススキ、これらは昔と比べると表面的には変化しているが、五感を刺激するものは変わっていない。この空気の匂いを実感しているからこそ、私はシロのこと友達のこと、そして滝川の変わらない自然を愛することがこの年齢まで出来たのだと思う。うわべは変わろうとも、やはり本質は変わらないと信じたい。そして私は生まれた土地を否定してはいけないという気持ちになるのだった。

再び公務員住宅に戻り、納屋があったところを見ながら、シロとのことを思い出していた。空知川で助けられたこと、養豚場でのこと、それらは事実であり、私の中に生きているだけではなく、この町が変わろうともその事実は生き続けていることを、この町と自然は思い起こさせてくれるのだと。どこかにその痕跡を残しているはずなのだ。人間は自然を前にした時、さほど偉大ではない。町の歴史は自然の上に成り立っている。自然は自らの法則に従い変化していくが、変わり行く自然の中で感じ取れるものがあるはずだ。

滝川は自分が育った町。幼い頃、目にしたものは全て新鮮であった。シロも私が最初に出会った犬である。時系列的に言えばジュリーなのかもしれないが、自分の犬として、いや所有欲を満たす存在ではなく、自分の友として感じた最初の犬である。

これらの全てが大きな存在となり、今の自分を形成していることを、私は認識し始めていた。滝川の自然と友達とシロが、私に優しさと勇気を教えてくれた。

シロのような犬は未だかつていなかったが、そのシロは今はもういない。北海道の土となっている。もう一度、この地でシロの温もりを感じたかった。きっと幸せな生涯であっただろう。あの時、別れてよかったのかもしれない。シロは感じていたのだ、私がまだ子供であることを。スーツに身を包んだ自分、近代化したようにも思える町並み、この現象は双方が成長していく過程なのかもしれない。

知らないうちに、私は再び滝川神社にいた。もうこの地を去らなくてはならない。札幌に戻り、飛行機に乗らなくてはならないのだ。又この地を訪れることが出来るかどうか分からないが、そう思うとせめて変わることのない滝川神社を目に焼き付けようとした。そして、シロのねぐらだった場所を再度見た。

すると、今まで気づかなかったものが見えてきたのである。見た瞬間、鳥肌が立つほどに全身が震えた。縁の下の柱に何かの爪痕がわずかに確認できたのである。迷うことなく、座り込んだ。スーツが土で汚れることも構わず、一心に見た。震える手で触ってみる。かなり古い傷のようだ。この神社は他の住宅のように改築などされておらず、昔のままである。座り込んだままじっと見ていると、もう一つの記憶が蘇ってきた。シロと出会った頃、みんなで交代でご飯をあげていたが、私の番の時であった。母はジュリーにたまに豚の骨をあげていたが、私もその骨を貰ってシロにあげたのである。シロはすごく喜んで、すぐには食べずに縁の下の柱の元に埋めたのである。爪痕はその時についたのに違いない。縦に引っかくようにして数本の傷がついている。犬の爪に間違いない、シロの爪痕に間違いない。私は口を開けたまま、しばらく放心していた。あの頃の情景がありありと蘇ったことで、思わず涙ぐみ始めていた。それに呼応し、今まで堪えていたものも再び思い起こされる。ボニーのことだ。もう涙を抑えることが出来ないまでになっていたが、私は敢えて堪えるのをやめ、あの頃の子供のようにめそめそと泣き出していた。涙の流れるままにしていたかった。シロの爪痕が霞み、誘拐されたあの時の神社で起きたことの繰り返しのように思えてきた。あの頃にタイムスリップしたかのようだ。

シロは確かにここにいた。遠い記憶の存在でもなければ幻でもない、シロは、いたんだ。長く自分の心の中でしか存在しなかったが、初めてありありと本当の温もりを感じた。誰が見ているのも気にならず、涙が頬を伝ってくることで、懐かしい思い出に浸ることが出来たような気がした。これは、シロの墓標だ。ボニーの墓標だ。犬達みんなの墓標だ。私はその柱をしばらく眺めていたが、これまでに出会った犬達の顔が次々と去来する。それは、カノンのようにだんだんと力強く現れてくる。

もう耐えることが出来ないまでに気分が高揚すると、今度は自分を呪い始めた。なぜ、もっと長く一緒にいてあげられなかったのかと、後悔に苦しみ始めた。思い出したくなくとも、容赦なく犬達の顔が出てくる。もうこれで赦《ゆる》してほしいと神に祈った。これは、犬達に対する贖罪なのだろうか。

時間が止まったように、あたりは静けさに満ちていた。

今まで強く吹くことのなかった風が、時折神社の木々を大きく揺らし、来訪時間の終わりを告げている。冬の到来を感じさせる冷たい風に、涙が乾いていくようであった。涙も枯れ始めていた。すると次には笑いがこみ上げてくる。頭が変になり、悲しさから笑いに変わったというわけではない。今のこのことを予期し、シロが爪痕をつけたのではないかと考えると、僅かにおかしさがこみ上げてきたのである。これはシロからの何かのメッセージではないかと受けとめることで、少しは気が楽になったようだ。

やっと我に返り、私は立ち上がってスーツの汚れを払いながら、滝川に帰ってきたことを本当に喜んだ。

そして、駅に向かいながら考えた。滝川の自然と友達、そしてシロ、決して忘れることは出来ない。それ故に今の自分の原点がここにあるのかも知れない、と再確認できたのである。

私は、その時そのように感じたことで、今の自分を維持できるのではないかと考えるようになった。

しかし、日々の仕事に追われて普段の生活に戻っていく。三十代前半であった私は、仕事に生き甲斐を見いだしていた。脇見も振らずに精力的に仕事をこなしていた。順風満帆の時期、自分を見つめる余裕すら無くしていたこともあった。それでもシロのことや他の犬達のことは、時々思い出していた。そして、辛いことがある時は、記憶の中にある彼らの期待に満ちた表情を思い出すことで少しは癒されていたのかもしれない。

心の中に犬達の系譜がある限り、私はまた明日を迎えられる気がしていた。

3

木彫りのシロを見つめる私の心を、三十数年の様々な思いがよぎっていった。忘れていた思い出がまさしく走馬燈のように巡り始めたのである。不思議な感じだ。この年になって、初めて望郷の意味が分かったような気がする。

どのくらいの時間が経ったであろうか、ふと気が付くと店のドアを開ける音がした。

先ほどの少女が写真を手に、肩で息をしながら店の真ん中に立っていた。私はしばらく少女を見つめていたが、約束を思い出し、こちらから話しかけた。

「写真を、持ってきたんだね」

「うん」

「そうかい。じゃあ、見せてくれるかな」

少女はもじもじしながら四~五枚の写真を私に差し出した。ミニチュアダックスフンドである。まだ、若い時のようだ。少し話をしてみた。

少女の話では、六歳の誕生日に父親に買ってもらった犬で、とにかく大事にしていたようだ。

大事にしすぎて何でも与えたことがあだとなったのか、癌で昨年死んだということだ。七歳の短い生涯と聞く。少女はにこやかに話したが、ときどき思い出しては涙ぐむこともあった。その気持ちは痛いほど分かる。ようやく立ち直り始めているようにも見える。そんな気持ちを気遣いながら、私はその犬の性格を聞いた。

「とても食いしんぼうで、やんちゃな犬でした。でもすごく利口なんです。ボール遊びは得意で、必ず見つけだしてはちゃんと持って来るんです。それから、私が悲しんだり喜んでいたりするのがすぐに分かるんです。特に悲しいときは、慰めてくれたりします。犬というより、私にとっては友達のような存在でした。死んだときは本当に辛かったです。私の部屋の窓から見える丘に埋めてあげました。火葬はいやでした。自然に帰してあげたかったのです。ルルは、ルルっていう名前なんですけど、ルルは今でも私の側にいるような気がするんです。

　二度と犬は飼いたくない気持ちでしたが、やっぱり欲しくなりました。それが一番いいことだということを、父から教わりました。その通りでした。ですからこうやってルルの木彫りを頼むことが出来るのです。今、飼っている犬は、ルルと同じミニチュアダックスフンドです。似ているけど、また違うみたいです。それが支えになっています。でも、もうルルと同じ過ちは繰り返さないつもりです。人間が食べるものをついついあげたくなるのですが、心を鬼にしてあげていません。今飼っているサリーに幸せな生涯を送らせることが、私の役割だと考えています。

不思議なんです、ルルと同じ仕草をすることがあるんです。そんな時、ルルのことを思い出すのですが、すぐにもサリーが可愛くなるんです。そうなんです、サリーはルルに似ているけど、サリーなんです。とっても可愛いんだよ」

少し話しすぎたことを後悔したのか、少女はしばらく沈黙した。だが、私が黙って見ていると、小さな声で続けた。

「ルルの写真、これで大丈夫でしょうか」

「ああ、大丈夫だよ。どこまで似ているように作れるか分からないけど、おじさん、頑張ってみるよ。二週間くらいかかるかもしれないけど、出来たら電話をするね。名前と連絡先を教えてくれるかな」

少女は私に、山峰知恵、と名乗った。

山峰知恵さんは走るようにして店から出ていった。残された私は、ルルの写真を見て木彫りの完成をイメージしていた。ルルの生涯が手に取るように蘇ってきた。少女が感じたように、自分もその悲しみに浸ろうと努力するのである。想像力は膨らんだ。

ルルが山峰家に来てから死ぬまでのことを想像する。自分勝手な想像かもしれないが、それがリアリティーを生むものだと信じている。そして、そのイメージに従って、私は木を彫り続ける。意外にもかなり苦労したが、約束どおり二週間が経ってルルの木彫りは完成した。完成したことを山峰知恵さんに連絡したが、母親が出て、彼女は不在だと言った。丁寧に用件を話すと、知恵さんに伝えてくれるとのことだった。

結局その日、彼女は現れなかった。日曜日であったため、どこかに遊びにでも行っていたのだろうか。閉店まで待ったが現れず、私はいつでもいいと思い直し家に帰った。

翌日の月曜日は定休日なので、私はいつも日曜日の夜は晩酌をする。その日は少し疲れていたこともあり、かなり酔ってしまった。ルルの木彫りを作り終わって安心していたのかもしれないが、それにつられて、シロのことやジュリー、メリー、ボニーのことをまた思い出し、酔って泣きたい状態であった。

そんな私を心配してか、妻に早めに寝かされた。疲れと酔いですぐに眠ってしまったようだ。私はその夜、不思議な夢を見た。

薄暗く、靄がかかったような所だ。何かが蠢《うごめ》いている。でも静かだ。すると、いきなり私の前にスポットライトのような光が射した。まるで舞台の最後に主演者が挨拶をするような雰囲気だ。その後ろで相変わらず何かがもぞもぞと蠢いている。

蠢いている中から、一つの生き物らしきものの影がこちらに向かって歩いている。生き物の黒い影がだんだんと大きくなり、ついにはその光の舞台に登場した。それは、シロであった。

シロは楽しそうである。

次に、またその蠢く群の中から新たな生き物が飛び出してきた。ジュリーであった。とても若く元気の良いジュリーであった。

ジュリーも楽しそうだった。

私はどこか中空にでもいるような感覚で、彼らを見ていたような気がする。

次第にメリー、リリー、レオ、ボニー達が現れた。サンタの姿も見える。ボニーが現れたときは思わず泣いていた。他の犬達よりもひときわ大きいボニーは、少し遠慮がちに後ろにいた。ボニーに触れたかった。どうやらそれはかなわない状況らしいことを、夢の中で認識し始めていた。

その他にも、見覚えのある犬達がそこらじゅうにいた。

一瞬、光が消え、しばらくするとまた光りだした。舞台が変わったかに見えたが、犬達が横一列に並んで、今度は私を見ている。

シロ、ジュリー、メリー、リリー、レオ、ボニーを中心に、沢山の犬達が私を見ている。

みんな、生きていたんだ。会いたかった。これからおまえ達と一緒に暮らせるんだね、いつも一緒なんだね、私はそう叫びながら走っていった。

しかし、走ろうとしても前に進めない。するともう一人の自分らしき人間が犬達に向かっているのが見えた。それを見ているしかない。その男は犬達の前で、どういうわけか倒れ、ぴくりとも動かない。

犬達が何かお互いに会話をしたと思うと、その男の衣服を口でくわえ、みんなで引きずり始めたのである。暗闇の中へ引きずっていく。でも、彼らの表情は楽しそうである。飛び跳ねるように、その男を引きずっているのである。じきに、その男は闇の中へと消えていく。

最後に、その舞台にシロが再び現れ、一部始終その光景を見ていた私めがけて走ってくる。そして、私に飛びついた。

夢から覚めた。涙が少し、目の周りを濡らしていた。この夢が何を意味しているのか、分析することが出来ない。夢判断をしてくれる人を捜したかった。

定休日の月曜日、私は一人で夢の詳細を思い出そうとしていた。

ベランダ越しに青い空を見つめていたら、天啓に似たようなものが体を走った。

もう一度、自分を考える。一つ一つ今の自分を再度考えた。誰もいない部屋、静かに時間だけが過ぎていく。気が付くと傍らにボギーがいた。

不思議な気持ちになりながら、ボギーを見ている。しばらく、そんな状態が続いた。冷静に考えようとした。ボギーを見ながら、長い間考えていた。

私たち夫婦には子供がいない。妻も犬好きで、犬を散歩している人達を見るうち、そんな気運になったのだろう。それまで犬の飼えない賃貸住宅に住んでいたが、ペット可の住まいを見つけ、そこに引っ越し、とうとう犬を飼ってしまったのだ。

それがウエルッシュ・コーギーのオスで、今のボギーなのである。今住んでいる町は非常に犬が多く、散歩をしていると犬を介して人間同士のコミュニティーが出来るほどである。お互い犬好きであることが分かると、何の警戒心もなく知らない人と会話が出来る。これはいいことだと思う。面白いことに、必ずこの子は男の子ですか、女の子ですか、おいくつですか、と聞いてくる。ほとんど子供と同じである。

ボギーと名付けたのは、私がハリウッドスターのハンフリー・ボガートを好きだったからだ。彼の愛称の「ボギー」をいただいた。

ゴルフをよく知っている人からは、パーより一つ多いボギーですか、と聞かれる。確かにボギーは何か一つ多いかも知れない。コーギーは普通短毛が多いが、ボギーはロングヘアである。散歩をしていると、よくこの犬はコーギーですか、と聞かれる。驚いたことに、コーギーを連れている人からも同様なことを言われることがある。私達夫婦も、本当にボギーはコーギーなのかと訝しく思ったりもする。おまけに、普通コーギーは口の周りは白いのだが、ボギーは黒い。子犬の頃、よく「おやじ顔」と言われたものだ。

ボギーは決して頭の悪い犬ではないと思う。普通の「お預け」「お手」「おかわり」「よし」

の合図でご飯をあげることが出来る。ときどき、「お預け」をさせたままじらしたりすると、体を横にごろんと一回転させる。それが面白く、「ごろん」の合図も加えることができた。

傑作な出来事があった。帰りが遅くなり、ボギーにご飯をあげるのが就寝前になってしまった。私がかなり疲れていたためか、「お預け」をしたまま眠ってしまった。そして朝日が覚めると、お預けをしたままのボギーがうらめしそうな顔をして私を見ていた。驚いた私は、すぐに「よし」と言って食べさせたが、自分が「お預け」をさせた状態で眠ってしまったことを思い出した。

思わず笑いがこみあげてきたが、妻の話で、もっと笑いが止まらなくなった。それは、夜中目を覚ました妻が、暗がりの中で何度も「ごろん」をしているボギーを見たというのだ。妻は事情を知らず、なぜそんなことをしているのか理解できなかった。ボギーは「お預け」をされているため、一晩中「ごろん」をしていたことが分かったのだ。可哀想なことをしたと反省したが、一晩中「ごろん」をしているボギーを想像すると、どうしても笑いがこみ上げてくる。

そんな部分では利口なのかも知れない。逆にずる賢い部分も持ち合わせている。ボギーは常に私の行動をチェックしており、特に自分のおやつを私がどこに置いているかをじっと見ているのである。そして私達夫婦が家を出ると、すかさずおやつをいただいているのである。家に戻ると袋はちぎれ、中身はなくなっている。

とにかく食いしんぼうである。メリー以来であろう。食べることに関しては異常な執着心があるようだ。ご飯の時間になると、ボウルの前に座って待機している。いつだったか、その日は休みだったので、私は十時過ぎまで寝ていた。体を横にし、うとうとしていたが、何かの気配を感じて目を開けた。すると、そこに両手に顔を埋めてこちらをじーっと見ているボギーの顔が、私の顔から十センチと離れずあったのである。目と目があって思わず飛び起きてしまうほど、その時のボギーの表情は犬には見えなかった。ご飯の時間が過ぎてもくれないので催促に来たのだろうが、不思議な存在感を持っている。夫婦でよく、ボギーは前世は人間で、人間の目で私達を見ているのではないかと話している。

私は、この町でこの家で、ボギーと暮らしていくうちに、今までの犬とは違う接し方になっていることに気づき始めていた。今までは自分に仕えさせようと、それなりの躾けや訓練を身につけさせていた。そして、こちらの期待以上のことができない時は、厳しくもしていた。もちろん、基本的な躾は、人間社会の一員でいるためには必要だが、大事なのは飼い主と犬の良い関係を作るために、どのように犬と接するかである。つまり、それが使役犬としての訓練であっても、番犬でも、愛玩のためでも、犬は犬としての生き甲斐を感じるように可愛がるべきと思うようになったことだ。その犬の能力以上のことはさせず、範囲内で接してあげることである。

ボギーには特別の芸を覚えさせていない。私達夫婦は共働きであるため、そのような訓練はできなかった。だから私はそれ以上のことはボギーに求めていない。そう思うことで気が楽になることが分かり、ボギーも卑屈にならなくてすんでいる。自由に快活になれる。そんな雰囲気が良い結果を生み出すことが、ある日分かった。ボール遊びをしていた時、ボギーが突然、ボールをくわえ持って来たのである。以前、どんなに教えても出来なくて諦めていたのに、それが出来たのである。私はそんなボギーがますます可愛く見えた。こういう接し方が犬に生き甲斐を与え、人もまた生き甲斐を見いだし、癒されることになるのではないか。

ボギーは非常にパワフルで、やんちゃで、わがままだが、今では自分の子供のように思っている。色々躾けなくてはならないが、逆にボギーから助けられることもある。

サラリーマンを辞めるきっかけとなったのも、ボギーの存在があったからである。

ある時私は、このまま定年までサラリーマンを続けることに対して疑問を感じながら、一人で物思いにふけっていた。ボギーはそれを見てどう感じたのか、私の正面に座って私をじっと見つめているのである。その時、私はボギーがこんなことを言っているように思えてしようがなかった。

「お父さん、自分の好きなことをやろうよ、人生一回きりじゃないか」

他の人は笑うかも知れない。

私は会社を辞め、一年して念願の雑貨のお店を持つことが出来た。収入に関してはそれなりに不安はある。しかし、組織の中のストレスから解放され、不満はなくなった。更に、ボギーと接する時間も増え、暗くなるまでひとりぼっちにさせていた頃より、ボギーも私も明るくなった。

どの組織にいても様々にストレスは生じるもので、それと戦って生きていくことも価値のあることだが、私は違う試練を選んだのである。それを支援してくれたのが、妻とボギーということになるのだ。

時々考えると辛くなるのだが、犬は人間より先に死んでしまうという事実がある。ボギーの最後を看取ることを考えると、また悲しみを繰り返すことに自分は耐えられるだろうかと不安になってくる。

しかし、このようにも考えられることに気づいた。

ボギーを見ていると、表情や行動に、いままでの犬達の存在を感じるのである。目はジュリーに。食いしん坊なところはメリーに。甘えん坊なところはリリーに。気の強いところはレオに。足の早いところはボニーに。そして、全体の雰囲気はあのシロに似ている。まるでそれぞれの犬達の魂がボギーに宿っているかのようである。

もしボギーが死んでも、多分私はまた犬を飼うと思う。そしてその犬に、ボギーを含めた今までの犬達の魂を見ることだろう。魂は繋がっているのである、環のように。そのように犬達が私に教えてくれているような気がする。

たぶん、犬は私達人間にいろいろなことを教えてくれる存在なのだろう。犬を飼うことには様々な意味がある。まず躾けなければならない。犬に対する知識が求められ、そして何よりも人間側に自制心が必要とされる。犬の健康を管理するためには、規則正しい食事と運動が必要だ。褒める時は褒め、叱る時は叱り、感情的になってはいけない。バランス感覚を養わなくてはならない。

これは人間が正しい教育を学ばなくてはならないということである。言い換えれば、犬が人間にそうさせることを教えているということである。

人類と犬の係わりは歴史が長く、人間の最高のパートナーとも言われている。また、人間が犬の持つ特性を見つけ家畜化したのではなく、犬の方が、厳しい自然の中で生きていくために、敢えて人間の中に飛び込んで家畜となったとも言われている。

私もそのように考えている。ただ前述のことを思うと、自分なりにもう一つの考えに至る。

人類の祖先であるアダムとイブが罪を犯し、エデンの園を追放された時、神の保護を失った。神は人類に、生きる手助けとなる動物を使わした。その動物は、人間が自立し大人として生きていけるようになるまで、側にいて見守る役割を与えられた。それは何世代にもわたって繰り返された。それがほかでもない、犬なのだと。

犬は時代時代にその役割を変えている。昔、狩猟民族には猟犬として、農耕民族には番犬として。そして、今日に於いては、狩猟犬や番犬としてではなく、心の豊かさの欠如を補うために、ペット達の存在が見直されている。

犬はなんと幅の広い対応性を持っていることか。人類の歴史の中で、その時の状況に合わせ役割を変えていく、いや変えられる順応性を持っている。そのような属性を神は犬に与え、人間を支える力とされたのだと私なりに考えている。

そして、そこには人間の何倍もの世代を重ね、伝え、育み、人間を見続けた犬達の繋がりがあり、決して断ち切ることの出来ない連携がある。

公園を散歩していると、多数の犬達に出会う。みんな自分の犬が一番可愛いと思っているはずだ。犬達は他の犬やその飼い主に対して、怪訝な表情をすることがあるが、ボギーも含め、彼等には主人にしか向けない表情があると思う。

それは、主人に対する気遣いや服従を示すことで、我々人間を見守っていることを表しているのかも知れない。

遠い昔、シロが私に投げかけていた表情を思い出す。その顔は寂しそうで憂えていた。今の四十四歳の私を見ているかのように、諭すように、何かを教えるように。

そんな形で、彼等の魂は長い歴史の時間を経て環となって繋がり、私たちの側にいる。死んでもその犬達の魂にはまた出会うことが出来る。

そうなのだ、三十六年の時空を経て、私はようやくその答をシロから知らされた。

シロと、あの少女に教えられた。

今になっても、シロの魂は私の側にいる。その魂は、延々と繋がっている。リレーのように。決して死んでなどはいないのだ。

だからこそ、犬達は人間より短い生涯を持ち、幾重にも世代を重ね、人間が大人になることを待っている。自分も含め、人間が本当の大人として成長していくまで、犬達の魂の環は、延々と続けられるのだろうと、解釈するに至ったのだ。

子供であった私は、シロには不十分であった。その後の犬達にとっても充分といえないかもしれない。それは、まだ続くのかもしれない。

たぶん、あの夢がそれを暗示していたのではないか。犬達が常に私の側にいて、何かを教えようとしていることを、私は忘れてはいけないのである。

そして今でも私の胸の中では、シロは滝川の水田を駆けぬけている。

エピローグ

小包が一つ、知恵の元に届いた。あのお店からに違いない。急いで開けると、ルルの木彫が出てきた。六歳の時、父からプレゼントされた箱からルルが飛び出してきたように。

木を粗く彫ったその像は、リアルさはないが、ルルの特徴をつかんでいた。知恵はそのルルの木彫を微笑ましく見ることができ、悲しさを誘われることはなかった。

箱の中に、まだ何かが入っている。数枚の画用紙と手紙だ。画用紙にはルルのスケッチが描かれていた。この木彫を作る際に描いたもののようだ。

手紙を開くと、そこに知恵に宛てたメッセージが綴ってあった。

山峰知恵様

気に入っていただけましたでしょうか。写真を拝見しまして、ルルはあなたに、どんなに可愛がられたことかと思いました。

私はあなたがルルを愛した気持ちになって作らせていただきました。お亡くなりになってしまい悲しいかもしれませんが、ルルは幸せだったと思います。

犬達は人よりも先に逝ってしまいます。それは悲しいことです。たぶん、あなたは思いっきり泣いてあげたことでしょう。

でも、自分を責めないでください。ルルもあなたを責めてはいないでしょう。

ルルによって、あなたは命の大切さを学んだことと思います。同時に、人の心の痛みが分かる優しい女性として成長されたことと思います。

それをルルが教えてくれたのではないでしょうか。

犬達はその都度、私たちに何かを教えようとしています。本当に可愛がればそれが見えてきます。

そして、人はちゃんとした大人になっていくのだと思います。私にはあなたがそのような方だと分かります。

これからも、犬達があなたに教えてくれることは、たくさんあると思います。

ルルとの出会いは決して無駄ではありません。後悔をしてはいけません。ルルが今のあなたを育てたのですから。

これからも、どうぞ犬を可愛がってください。

店主より

著者プロフィール

梅津 隆之（うめづ たかゆき）

1957年、北海道滝川市出身。

多摩美術大学彫刻科卒。（財）日本産業デザイン振興会にて、『Design News』編集、地域デザイン開発育成事業、デザイナーデータベースの制作、グッドデザイン賞事業等に従事。退職後、国内外のデザイナーズプロダクツを集めたセレクトショップを開設。同ショップにて、オーダーの木彫りペットフィギュアを制作しつつ、全国のクリエーターたちとのネットワークづくりを通し、優れたモノ造りの発掘を目指す。

横浜市在住。

魂《たましい》の環《わ》

2002年5月15日　初版第1刷発行

著　者　梅津 隆之
発行者　瓜谷 綱延
発行所　株式会社 文芸社
〒160-0022　東京都新宿区新宿1-10-1
電話 03-5369-3060（編集）
03-5369-2299（販売）
振替 00190-8-728265
印刷所　図書印刷株式会社

ISBN4-8355-3698-3 C0095